Einstern 3

Themenheft 3

- Schriftliche Subtraktion
- Körper
- Längen

Erarbeitet von Roland Bauer und Jutta Maurach

In Zusammenarbeit mit der Redaktion Mathematik Grundschule

Cornelsen

Inhaltsverzeichnis

Wir rechnen mit dem Abziehverfahren.

Lernportion 1 Schriftliche Subtraktion – Abziehen

Wir rechnen mit dem Ergänzungsverfahren.

Lernportion 2 Schriftliche Subtraktion – Ergänzen

Lernportion 3 Geometrische Körper

Lernportion 4 Übungen zur schriftlichen Subtraktion

Lernportion 5 Längen

Abziehen

1 Von den Einnahmen des Schulfests müssen noch Rechnungen bezahlt werden.
Lege selbst mit Rechengeld. Schreibe auf, wie viel Geld jeweils übrig bleibt.

a) Getränke

112 €

b) Würstchen

c) Butterbrezeln

d) Pizza

e) Belegte Brötchen

f) Schminkecke

- ★ Abziehverfahren
- ★ Subtraktion handelnd mit Rechengeld stellengerecht durchführen
- ★ Restbeträge ermitteln

Abziehen

Getränke

Hunderter	Zehner	Einer

	H	Z	E
	2	3	4
–	1	2	2
	1	1	2

234 – 122 = 112
ist eine **Subtraktionsaufgabe.**

4 minus 2 gleich 2.

3 minus 2 gleich 1.

2 minus 1 gleich 1.

Beachte:
Beginne immer mit den Einern.

1 Die Rechenbilder zeigen, wie die Rechnungen bezahlt wurden. Berechne den Gewinn. Übertrage dazu jede Subtraktionsaufgabe in die Stellentafel. Subtrahiere. Beginne mit den Einern. Sprich dazu wie Einstern.

a) **Würstchen**

Hunderter	Zehner	Einer
		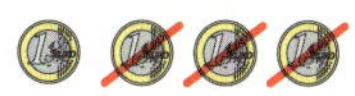

	H	Z	E
	3	2	4
–	1	1	3
	2	1	1

b) **Belegte Brötchen**

Hunderter	Zehner	Einer
		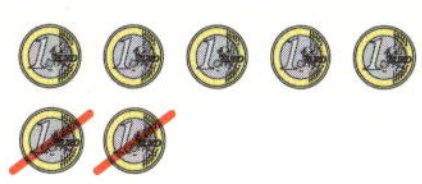

	H	Z	E
–			

c) **Schminkecke**

Hunderter	Zehner	Einer
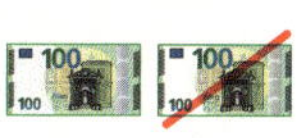		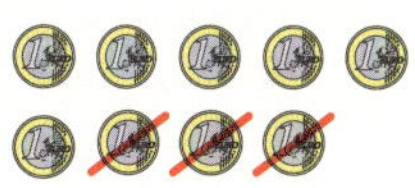

	H	Z	E
–			

★ **Abziehverfahren** ★ Rechenbilder mit Geldbeträgen in die Stellentafel übertragen
★ in der Stellentafel stellengerecht subtrahieren ★ **SF:** Vorgehens- und Sprechweise bei der schriftlichen Subtraktion kennenlernen und anwenden

€ B

Subtraktionsaufgaben in der Stellentafel darstellen

Abziehen

Hunderter	Zehner	Einer

	H	Z	E
	5	9	6
–	2	3	4
	3	6	2

Beachte:
Beginne mit den Einern.

1 Übertrage die Rechenbilder in die Stellentafeln. Subtrahiere.
Beginne mit den Einern. Sprich dazu wie Einstern.

a)

Hunderter	Zehner	Einer

	H	Z	E
–			

b)

Hunderter	Zehner	Einer

	H	Z	E
–			

2 Zeichne Rechenbilder zu den Subtraktionsaufgaben. Löse die Aufgaben.

a) 455 – 214 = ____

Hunderter	Zehner	Einer

b) 344 – 132 = ____

Hunderter	Zehner	Einer

★ **Abziehverfahren** ★ Rechenbilder in die Stellentafel übertragen ★ in der Stellentafel stellengerecht subtrahieren ★ Subtraktionsaufgaben als Rechenbilder darstellen ★ **SF:** Vorgehens- und Sprechweise bei der schriftlichen Subtraktion kennenlernen und anwenden

Schriftliches Subtrahieren üben

Abziehen

576 – 345 = ▢

	H	Z	E
	5	7	6
–	3	4	5
	2	3	1

6 minus 5 gleich 1.
7 minus 4 gleich 3.
5 minus 3 gleich 2.

Beachte:
Beginne mit den Einern.
Rechne von oben nach unten.

1 Löse die Aufgaben und sprich dazu wie Einstern.
Bitte ein anderes Kind, deine Sprechweise zu überprüfen.

a)

	H	Z	E
	8	6	3
–	5	5	2
	3	1	1

b)

	H	Z	E
	5	3	5
–	4	1	4

c)

	H	Z	E
	6	8	9
–	3	4	7

d)

	H	Z	E
	9	7	7
–	3	5	3

2 Löse die Aufgaben und sprich dazu wie Einstern.

a) 739 – 223 = ……6

b) 589 – 352

c) 877 – 665

d) 463 – 51

e) 697 – 145

f) 942 – 312

g) 285 – 61

h) 764 – 560

3 Schreibe die Zahlen richtig untereinander. Berechne das Ergebnis.

a) 647 – 435

	6	4	7
–	4	3	5

b) 858 – 326

c) 793 – 350

d) 557 – 36

* **Abziehverfahren** * in der Stellentafel und im Karoraster schriftlich subtrahieren
* **SF:** Vorgehens- und Sprechweise anwenden
* Subtraktionsaufgaben stellengerecht notieren und lösen

462 – 327 =

Zeichnen:

Hunderter	Zehner	Einer
□□□□	||||||	••

1 Zehner in 10 Einer tauschen:

Hunderter	Zehner	Einer
□□□□	||||||	•• ••••••••••

H	Z	E
	5	12
4	~~6~~	~~2~~

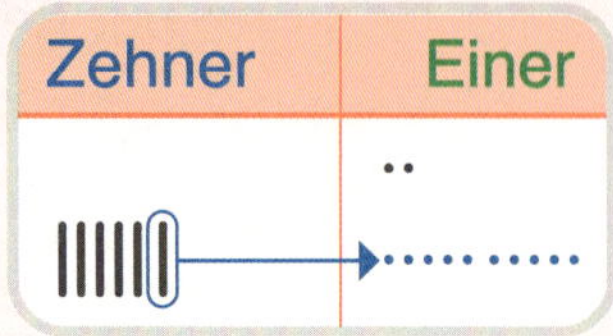

Abziehen:

Hunderter	Zehner	Einer
□□□□	||||||	•• ••••••••••

	H	Z	E
		5	12
	4	~~6~~	~~2~~
–	3	2	7
	1	3	5

1 Zeichne den Tauschvorgang farbig ein und notiere ihn in der Stellentafel. Subtrahiere dann im Rechenbild und in der Stellentafel.

a) **674 – 456 =**

Hunderter	Zehner	Einer
□□□□□□	|||||||	••••

	H	Z	E
	6	7	4
–	4	5	6

b) **861 – 329 =**

Hunderter	Zehner	Einer
□□□□□□□□	||||||	•

	H	Z	E
	8	6	1
–	3	2	9

★ **Abziehverfahren** ★ den Tauschvorgang eines Zehners in zehn Einer verstehen und anwenden ★ Rechenbilder in die Stellentafel übertragen ★ die Notation beim Tauschvorgang kennenlernen und anwenden

Mit Tauschvorgang beim Zehner schriftlich subtrahieren

Abziehen

792 – 468 = ▢

	H	Z	E
		8	12
	7	~~9~~	~~2~~
–	4	6	8
	3	2	4

2 Einer minus 8 Einer geht nicht. Ich tausche 1 Zehner in 10 Einer und behalte 8 Zehner. 12 Einer minus 8 Einer gleich 4 Einer. Ich schreibe 4.

8 Zehner minus 6 Zehner gleich 2 Zehner. Ich schreibe 2.

7 Hunderter minus 4 Hunderter gleich 3 Hunderter. Ich schreibe 3.

1 Löse die Aufgaben und sprich dazu wie Einstern.
Bitte ein anderes Kind, deine Sprechweise zu überprüfen.

a)

	H	Z	E
		6	11
	3	~~7~~	~~1~~
–	2	3	7
			4

b)

	H	Z	E
	7	6	2
–	3	1	6

c)

	H	Z	E
	4	9	3
–	2	5	8

d)

	H	Z	E
	9	8	4
–	6	4	9

2 Löse die Aufgaben und sprich dazu wie Einstern.

a)

		5	12
	4	~~6~~	~~2~~
–	2	3	7
			5

b)

	3	7	4
–	2	2	8

c)

	9	5	3
–		3	7

d)

	5	8	2
–	2	4	8

3 Schreibe die Zahlen richtig untereinander. Berechne das Ergebnis.

a) 752 – 419

b) 291 – 108

c) 641 – 229

d) 864 – 57

Subtraktionsaufgaben mit Tauschvorgang beim Hunderter kennenlernen

Abziehen

635 – 274 =

Hunderter	Zehner	Einer

	H	Z	E
	5	13	
	~~6~~	~~3~~	5
–	2	7	4
	3	6	1

3 Zehner minus 7 Zehner kann ich nicht rechnen. Ich tausche 1 Hunderter in 10 Zehner.

Hunderter	Zehner

1 Zeichne den Tauschvorgang farbig ein und notiere ihn in der Stellentafel. Subtrahiere dann in dem Rechenbild und in der Stellentafel.

a) 734 – 281 =

Hunderter	Zehner	Einer

	H	Z	E
	7	3	4
–	2	8	1

b) 815 – 552 =

Hunderter	Zehner	Einer

	H	Z	E
	8	1	5
–	5	5	2

c) 624 – 481 =

Hunderter	Zehner	Einer

	H	Z	E
	6	2	4
–	4	8	1

* **Abziehverfahren** * den Tauschvorgang eines Hunderters in zehn Zehner verstehen und anwenden * Rechenbilder in die Stellentafel übertragen
* die Notation beim Tauschvorgang kennenlernen und anwenden

Mit Tauschvorgang beim Hunderter schriftlich subtrahieren

Abziehen

528 – 361 = ▬

	H	Z	E
	4	12	
	~~5~~	~~2~~	8
–	3	6	1
	1	6	7

8 Einer minus 1 Einer gleich 7 Einer. Ich schreibe 7.

2 Zehner minus 6 Zehner geht nicht. Ich tausche 1 Hunderter in 10 Zehner und behalte 4 Hunderter. 12 Zehner minus 6 Zehner gleich 6 Zehner. Ich schreibe 6.

4 Hunderter minus 3 Hunderter gleich 1 Hunderter. Ich schreibe 1.

1 Löse die Aufgaben und sprich dazu wie Einstern.
Bitte ein anderes Kind, deine Sprechweise zu überprüfen.

a)

	H	Z	E
	6	15	
	~~7~~	~~5~~	8
–	3	7	4
		8	4

b)

	H	Z	E
	4	3	7
–	2	8	1

c)

	H	Z	E
	8	5	8
–	5	8	5

d)

	H	Z	E
	6	2	6
–	1	5	3

2 Löse die Aufgaben und sprich dazu wie Einstern.

a)

	5	11	
	~~6~~	~~1~~	7
–	3	8	4
		3	3

b)

	4	2	9
–	1	8	7

c)

	8	3	5
–		8	4

d)

	5	4	8
–	3	9	0

3 Schreibe die Zahlen richtig untereinander. Berechne das Ergebnis.

a) 769 – 482

b) 917 – 660

c) 357 – 76

d) 274 – 191

1 Subtraktionsaufgaben mit mehreren Tauschvorgängen kennenlernen

1 Betrachte die Aufgaben mit mehreren Tauschvorgängen. Löse sie und sprich dazu wie Einstern. Bitte ein anderes Kind, deine Sprechweise zu überprüfen.

Beim Zehner und beim Hunderter tauschen

	H	Z	E
	5	11 ~~1~~	14
	~~6~~	~~2~~	~~4~~
−	3	8	5
	2	3	9

4 minus 5 geht nicht. 14 minus 5 gleich 9. Ich schreibe 9.

1 minus 8 geht nicht. 11 minus 8 gleich 3. Ich schreibe 3.

5 minus 3 gleich 2. Ich schreibe 2.

a)

	H	Z	E
	4	3	6
−	2	5	7

b)

	H	Z	E
	7	4	6
−	4	5	8

c)

	H	Z	E
	8	3	5
−	6	7	6

d)

	H	Z	E
	8	5	3
−	3	7	9

2 Beachte die Besonderheit bei 0 Zehnern. Löse die Aufgaben und sprich dazu wie Einstern. Bitte ein anderes Kind, deine Sprechweise zu überprüfen.

Zweimal tauschen beim Abziehen von einer Zahl mit 0 Zehnern

	H	Z	E
	6	9 ~~10~~	13
	~~7~~	~~0~~	~~3~~
−	2	8	5
	4	1	8

3 Einer minus 5 Einer geht nicht. Es gibt keinen Zehner zum Tauschen. Deshalb tausche ich zuerst 1 Hunderter in 10 Zehner und behalte 6 Hunderter. Nun tausche ich 1 Zehner in 10 Einer und behalte 9 Zehner. 13 Einer minus 5 Einer gleich 8 Einer. Ich schreibe 8.

9 Zehner minus 8 Zehner gleich 1 Zehner. Ich schreibe 1.

6 Hunderter minus 2 Hunderter gleich 4 Hunderter. Ich schreibe 4.

a)

	H	Z	E
	5	0	4
−	3	0	9

b)

	H	Z	E
	6	0	3
−	2	0	7

c)

	H	Z	E
	7	0	0
−	3	7	8

d)

	H	Z	E
	8	0	0
−	6	4	7

★ **Abziehverfahren** ★ **SF:** Schreib- und Sprechweise bei mehreren Tauschvorgängen kennenlernen und anwenden
★ Subtraktionsaufgaben mit mehreren Tauschvorgängen lösen

Mit mehreren Tauschvorgängen schriftlich subtrahieren

Abziehen

1 Übertrage die Aufgaben in die Stellentafeln und löse sie.
Sprich dazu. Kontrolliere die Ergebnisse.
Die Lösungszahlen findest du in den Sternen.

a) 452 – 288

	H	Z	E
	3	14 4	12
	~~4~~	~~5~~	~~2~~
–	2	8	8
	1	6	4

b) 723 – 168

	H	Z	E
–			

c) 824 – 565

	H	Z	E
–			

d) 503 – 387

	H	Z	E
–			

e) 372 – 185

	H	Z	E
–			

f) 613 – 78

	H	Z	E
–			

116 ~~164~~ 187 259 535 555

2 Schreibe die Zahlen richtig untereinander. Berechne das Ergebnis.
Sprich dazu. Kontrolliere selbst.

a) 954 – 665

		4	14
	9	~~5~~	~~4~~
–	6	6	5

b) 831 – 576

c) 742 – 85

d) 805 – 458

e) 536 – 488

f) 735 – 96

48 255 289 347 639 657

3 Schreibe die Aufgaben in dein Heft und löse sie.

Seite 13 Aufgabe 3
a) ...

a) 247 – 168 = ▢ b) 573 – 297 = ▢ c) 921 – 85 = ▢

★ **Abziehverfahren** ★ Subtraktionsaufgaben mit mehreren Tauschvorgängen in die Stellentafel übertragen bzw. stellengerecht notieren, lösen und kontrollieren
★ **SF:** Schreib- und Sprechweise anwenden

Subtraktionsaufgaben mit einem Tauschvorgang lösen

Abziehen

1 Löse die Aufgaben. Beachte den Tauschvorgang beim Zehner. Kontrolliere selbst.

a)

	H	Z	E
		7	12
	~~7~~	~~8~~	~~2~~
–	3	5	6
			6

b)

	H	Z	E
	6	7	3
–	4	5	8

c)

	H	Z	E
	9	5	1
–	6	3	4

215 317 426

2 Löse die Aufgaben. Beachte den Tauschvorgang beim Hunderter. Kontrolliere selbst.

a)

	H	Z	E
	8	11	
	~~9~~	~~1~~	6
–	3	5	2
		6	4

b)

	H	Z	E
	5	4	9
–	2	8	6

c)

	H	Z	E
	8	5	7
–	5	8	2

263 275 564

3 Löse die Aufgaben. Beachte den Tauschvorgang. Kontrolliere selbst.

a)
```
  7 5 4
- 4 2 8
-------
```

b)
```
  6 3 9
- 2 5 7
-------
```

c)
```
  8 4 5
- 3 2 7
-------
```

326 382 518

4 Schreibe die Zahlen richtig untereinander. Berechne das Ergebnis. Beachte den Tauschvorgang. Kontrolliere selbst.

a) 572 – 245
```
  5 7 2
- 2 4 5
-------
```

b) 619 – 36

c) 928 – 471

327 457 583

* **Abziehverfahren** * Subtraktionsaufgaben mit einem Tauschvorgang in der Stellentafel und im Karoraster lösen und kontrollieren
* Subtraktionsaufgaben mit einem Tauschvorgang stellengerecht notieren

Abziehen

1 Bestimme die gesuchten Zahlen durch schriftliches Subtrahieren.
Umrande die gesuchten Zahlen farbig.

a) Die gesuchte Zahl erhältst du, wenn du die Differenz von 732 und 574 bildest.

b) Wenn du von der gesuchten Zahl 123 subtrahierst, erhältst du 492.

c) Wenn du von 532 die gesuchte Zahl subtrahierst, erhältst du 215.

d) Besprich deine Vorgehensweise und deine Lösungen mit einem anderen Kind.

2 Stelle zwei zur Differenz passende Aufgaben zusammen.

a) 285

–			
	2	8	5

–			
	2	8	5

b) 379

–			
	3	7	9

–			
	3	7	9

c) 146

–			
	1	4	6

–			
	1	4	6

d) 67

–			
		6	7

–			
		6	7

3 Bilde aus den Ziffernkärtchen dreistellige Zahlen.

1 2 5 6 7 9

Finde jeweils zwei Subtraktionsaufgaben...

a ... mit einer Differenz kleiner als 100.

b ... mit einer Differenz größer als 400.

Seite 15 Aufgabe 3
a) ...

Ergänzen

Lea wünscht sich das Fahrrad für 354 Euro.
Sie hat schon 231 Euro gespart.
Sie überlegt, wie viel Geld ihr noch fehlt.

231 € + ☐ € = 354 €

Das kostet es:	3	5	4
Das habe ich:			
Das fehlt noch:			

Ich ergänze immer.

	H	Z	E
	3	5	4
–	2	3	1
	1	2	3

1 plus 3 gleich 4.

3 plus 2 gleich 5.

2 plus 1 gleich 3.

Beachte:
Beginne immer mit den Einern.

1 Wie viel Geld fehlt Lea für die anderen Fahrräder?
Löse die Aufgaben und sprich dazu wie Einstern.
Bitte ein anderes Kind, deine Sprechweise zu überprüfen.

a)

	H	Z	E
	2	4	5
–	2	3	1
			4

b)

	H	Z	E
	4	6	8
–	2	3	1

c)

	H	Z	E
	3	8	9
–	2	3	1

d)

	H	Z	E
	2	9	8
–	2	3	1

★ **Ergänzungsverfahren** ★ Vorgehensweise bei der schriftlichen Subtraktion kennenlernen, verstehen und anwenden ★ **SF:** passende Sprechweise kennenlernen und anwenden ★ fehlende Beträge ermitteln

2 Schriftliches Subtrahieren kennenlernen

Ergänzen

Ich ergänze immer.

574 – 351 = ▢

	H	Z	E
	5	7	4
–	3	5	1
	2	2	3

574 - 351 = 223
ist eine **Subtraktionsaufgabe.**

1 plus 3 gleich 4.

5 plus 2 gleich 7.

3 plus 2 gleich 5.

Beachte:
Beginne mit den Einern.
Rechne von unten nach oben.

1 Löse die Aufgaben und sprich dazu wie Einstern.
Bitte ein anderes Kind, deine Sprechweise zu überprüfen.

a)

	H	Z	E
	4	8	9
–	2	5	6
			3

b)

	H	Z	E
	8	7	5
–	3	3	2

c)

	H	Z	E
	6	4	7
–	3	2	5

d)

	H	Z	E
	9	7	8
–	6	5	3

2 Löse die Aufgaben und sprich dazu wie Einstern.

a)
```
  356
– 124
-----
    2
```

b)
```
  548
– 416
-----
```

c)
```
  756
– 243
-----
```

d)
```
  986
– 374
-----
```

e)
```
  198
–  47
-----
```

f)
```
  477
– 142
-----
```

g)
```
  254
– 201
-----
```

h)
```
  869
– 262
-----
```

3 Schreibe die Zahlen richtig untereinander. Berechne das Ergebnis.

a) 785 – 342
```
  785
- 342
-----
```

b) 398 – 174

c) 968 – 423

d) 684 – 403

Ergänzen

372 – 227 = ▢

	H	Z	E
			10
	3	7	2
–	2	2	7
		1	
	1	4	5

Von 7 kann ich nicht auf 2 ergänzen.
Mein Trick:
Ich gebe zu beiden Zahlen 10 dazu.
Der Unterschied bleibt gleich.

7 + 5 = 12, ich schreibe 5 und übertrage 1.
3 + 4 = 7, ich schreibe 4.
2 + 1 = 3, ich schreibe 1.

1 Löse die Aufgaben und sprich dazu wie Einstern.
Bitte ein anderes Kind, deine Sprechweise zu überprüfen.

a)

	H	Z	E
			10
	6	8	2
–	2	4	7
		1	
			5

b)

	H	Z	E
	4	9	1
–	2	6	3

c)

	H	Z	E
	5	7	2
–	3	5	5

d)

	H	Z	E
	8	6	2
–	5	4	8

2 Löse die Aufgaben und sprich dazu wie Einstern.

a)

			10
	4	5	3
–	2	3	8
		1	
			5

b)

	6	8	2
–	3	0	8

c)

	7	6	4
–	3	2	7

d)

	3	9	2
–		3	5

3 Schreibe die Zahlen richtig untereinander. Berechne das Ergebnis.

a) 575 – 359

b) 951 – 634

c) 251 – 27

d) 873 – 535

★ **Ergänzungsverfahren** ★ Vorgehen beim Subtrahieren mit Übertrag zum Zehner verstehen und anwenden ★ **SF:** Schreib- und Sprechweise bei Aufgaben mit Übertrag zum Zehner kennenlernen und anwenden ★ Subtraktionsaufgaben stellengerecht notieren und lösen

Ergänzen

653 – 372 = ▢

	H	Z	E
		10	
	6	5	3
–	3	7	2
	1		
	2	8	1

1 Löse die Aufgaben und sprich dazu wie Einstern.
Bitte ein anderes Kind, deine Sprechweise zu überprüfen.

a)

	H	Z	E
		10	
	7	3	4
–	2	6	3
	1		
		7	1

b)

	H	Z	E
	4	2	7
–	1	8	5

c)

	H	Z	E
	8	3	8
–	5	7	3

d)

	H	Z	E
	6	4	9
–	3	9	3

2 Löse die Aufgaben und sprich dazu wie Einstern.

a)

		10	
	3	5	8
–	1	7	4
	1		
		8	4

b)

	5	2	7
–	2	8	0

c)

	7	6	8
–	2	8	4

d)

	4	1	9
–		8	7

3 Schreibe die Zahlen richtig untereinander. Berechne das Ergebnis.

a) 636 – 475

b) 847 – 563

c) 973 – 480

d) 386 – 92

Ergänzen

653 – 284 = ■

	H	Z	E
		10	10
	6	5	3
–	2	8	4
	1	1	
	3	6	9

4 + 9 = 13, ich schreibe 9 und übertrage 1.

9 + 6 = 15, ich schreibe 6 und übertrage 1.

3 + 3 = 6, ich schreibe 3.

1 Löse die Aufgaben mit mehreren Überträgen.
Sprich dazu wie Einstern.
Bitte ein anderes Kind, deine Sprechweise zu überprüfen.

a)

	H	Z	E
		10	10
	9	5	4
–	3	8	9
	1	1	
	5	6	5

b)

	H	Z	E
	6	4	2
–	3	9	7

c)

	H	Z	E
	5	6	4
–	2	8	7

d)

	H	Z	E
	7	4	3
–	2	6	5

2 Beim Ergänzen auf eine Zahl mit 0 Zehnern gehst du wie bisher vor.
Löse die Aufgaben und sprich dazu wie Einstern.

a)

	H	Z	E
		10	10
	5	0	4
–	3	0	9
	1	1	
	1	9	5

b)

	H	Z	E
	8	0	3
–	6	0	9

c)

	H	Z	E
	7	0	0
–	3	7	8

d)

	H	Z	E
	8	0	0
–	6	4	7

3 Löse die Aufgaben und sprich dazu wie Einstern.
Kontrolliere die Ergebnisse. Die Lösungszahlen findest du in den Sternen.

a)

	H	Z	E
	4	0	7
–	1	2	8

b)

	H	Z	E
	9	1	3
–	8	3	6

c)

	H	Z	E
	5	0	0
–	3	7	3

77 127 279

★ **Ergänzungsverfahren**
★ **SF:** Schreib- und Sprechweise bei Aufgaben mit mehreren Überträgen kennenlernen und anwenden ★ Subtraktionsaufgaben mit mehreren Überträgen lösen

Subtraktionsaufgaben mit mehreren Überträgen lösen

Ergänzen

1 Übertrage die Aufgaben in die Stellentafeln und löse sie.
Sprich dazu. Kontrolliere selbst.

a) 943 – 358

	H	Z	E
		10	10
	9	4	3
–	3	5	8
	1	1	
	5	8	5

b) 730 – 482

c) 504 – 136

d) 348 – 79

e) 981 – 694

f) 523 – 37

248 · 269 · 287 · 368 · 486 · ~~585~~

2 Schreibe die Zahlen richtig untereinander. Berechne das Ergebnis.
Sprich dazu. Kontrolliere selbst.

a) 827 – 349

			10
	8	2	7
-	3	4	9
		1	

b) 613 – 65

c) 435 – 298

d) 904 – 237

e) 470 – 187

f) 578 – 89

137 · 283 · 478 · 489 · 548 · 667

3 Schreibe die Aufgaben in dein Heft und löse sie.

a) 437 – 378 = ▢ b) 841 – 63 = ▢ c) 303 – 158 = ▢

Seite 21 Aufgabe 3
a) ...

★ **Ergänzungsverfahren** ★ Subtraktionsaufgaben mit mehreren Überträgen in die Stellentafel übertragen bzw. stellengerecht notieren, lösen und kontrollieren
★ **SF:** Schreib- und Sprechweise anwenden

D 37 · ÜH 37 · AH 44

Ergänzen

1 Löse die Aufgaben. Beachte den Übertrag zum Zehner. Kontrolliere selbst.

a)

	H	Z	E
			10
	~~7~~	8	2
–	4	5	6
		1	
			6

b)

	H	Z	E
	6	~~7~~	3
–	3	2	5

c)

	H	Z	E
	9	5	3
–	6	2	8

325 326 348

2 Löse die Aufgaben. Beachte den Übertrag zum Hunderter. Kontrolliere selbst.

a)

	H	Z	E
		10	
	6	2	9
–	3	~~7~~	4
	1		
		5	5

b)

	H	Z	E
	4	3	8
–	2	~~7~~	5

c)

	H	Z	E
	8	5	6
–	5	~~7~~	4

163 255 282

3 Löse die Aufgaben. Beachte den Übertrag. Kontrolliere selbst.

a)

			10
	4	8	3
–	1	2	~~7~~
		1	
			6

b)

	9	2	8
–	4	5	3

c)

	5	9	1
–	3	6	8

223 356 4~~7~~5

4 Schreibe die Zahlen richtig untereinander. Berechne das Ergebnis. Beachte den Übertrag. Kontrolliere selbst.

a) 623 – 451

		10	
	6	2	3
-	4	5	1
	1		
		~~7~~	2

b) 435 – 284

c) ~~7~~32 – ~~7~~2

151 1~~7~~2 660

⋆ **Ergänzungsverfahren** ⋆ Subtraktionsaufgaben mit einem Übertrag in der Stellentafel und im Karoraster lösen und kontrollieren
⋆ Subtraktionsaufgaben mit einem Übertrag stellengerecht notieren

Ergänzen

1 Bestimme die gesuchten Zahlen durch schriftliches Subtrahieren.
Umrande die gesuchten Zahlen farbig.

a) Die gesuchte Zahl erhältst du, wenn du die Differenz von 513 und 265 bildest.

b) Wenn du von 785 die gesuchte Zahl subtrahierst, erhältst du 548.

c) Wenn du von der gesuchten Zahl 456 subtrahierst, erhältst du 326.

d) Besprich deine Vorgehensweise und deine Lösungen mit einem anderen Kind.

2 Stelle zwei zur Differenz passende Aufgaben zusammen.

a) 348

−
348

−
348

b) 276

−
276

−
276

c) 152

−
152

−
152

d) 89

−
89

−
89

3 Bilde aus den Ziffernkärtchen dreistellige Zahlen.

1 3 6 7 8 9

Finde jeweils zwei Subtraktionsaufgaben...

a ... mit einer Differenz kleiner als 200.

b ... mit einer Differenz größer als 400.

Seite 23 Aufgabe 3
a) ...

* **Ergänzungsverfahren** * Zahlenrätsel in schriftliche Subtraktionsaufgaben übertragen und lösen * zu vorgegebener Differenz zwei Subtraktionsaufgaben finden
* **MK:** nach Vorgabe Subtraktionsaufgaben bilden, Strukturen erkennen und nutzen

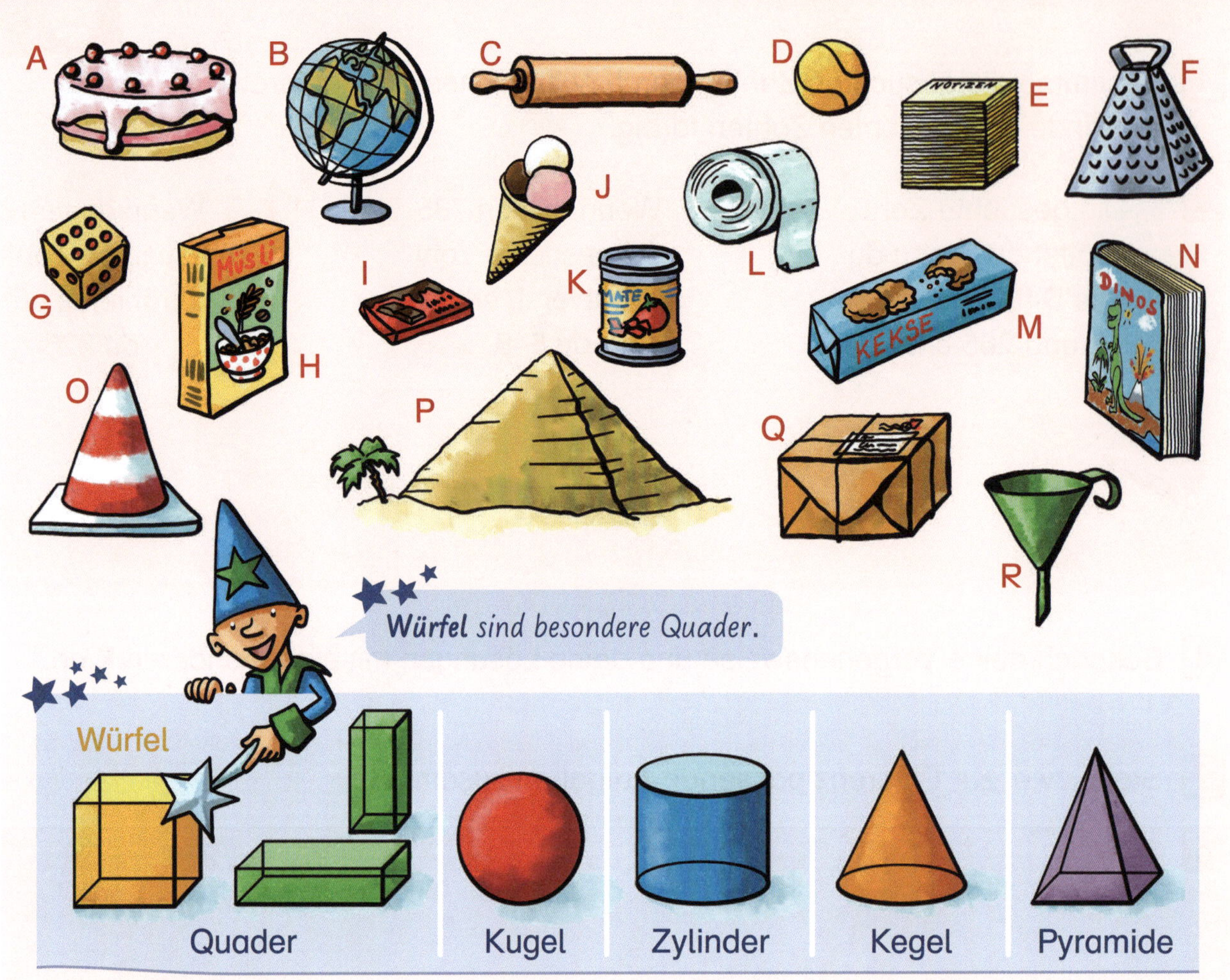

1 Ordne die Gegenstände den geometrischen Körpern zu.

Würfel: ______ Quader: ______ Kugel: ______

Zylinder: ______ Kegel: ______ Pyramide: ______

2 Entdecke Körperformen in deiner Umwelt.

a) Schneide aus Zeitschriften, Katalogen usw. Bilder von Gegenständen aus. Du kannst die Dinge auch fotografieren. Klebe sie nach Körperformen geordnet auf.

b) Bringe von zu Hause leere Verpackungen mit. Schreibe immer den Namen der Körperform auf einen Aufkleber und klebe ihn auf die Verpackung.

c) Überlege und besprich mit einem anderen Kind, bei welchen Gegenständen die geometrischen Körper deutlich sichtbar sind. Begründet, warum man bestimmte Körperformen sehr oft und andere nur selten im Alltag findet.

3 Spielt „Ich sehe was, das du nicht siehst“. Nutzt dabei die Namen der Körperformen, zum Beispiel: „Ich sehe einen Zylinder. Er ist rot.“

★ geometrischen Körpern Abbildungen aus dem Alltag zuordnen
★ **MK:** Abbildungen und Verpackungen zu geometrischen Körpern finden und mitbringen oder fotografieren und ordnen ★ **SF:** Rätselaufgaben zu geometrischen Körpern finden und lösen

3 Körperformen an Bauwerken entdecken

A

B

C

D

E

1 Suche dir ein anderes Kind. Besprecht zusammen jedes Foto.

a) Welche Körperformen (Quader, Zylinder ...) entdeckt ihr?

b) Welche Flächenformen (Kreis, Dreieck, Quadrat, Rechteck) entdeckt ihr?

2 Baue gemeinsam mit anderen Kindern solche kunstvollen Gebäude.
Überlegt, welche Materialien ihr verwenden wollt.

Pappe oder Verpackungsmaterialien bemalen oder mit farbigem Papier bekleben

Mit Bausteinen bauen

* in Abbildungen von Bauwerken geometrische Körper und geometrische Flächenformen erkennen
* Bauwerke aus geometrischen Körpern basteln oder bauen

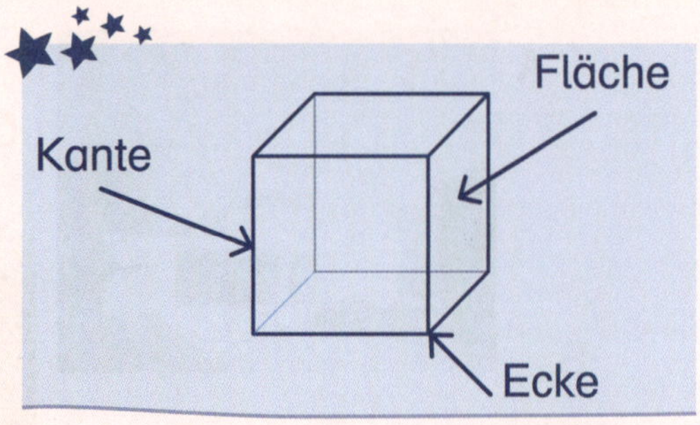

1 Fülle die Tabelle aus.

Körper	Anzahl der Flächen	Kanten	Ecken
Würfel			
Quader			
Kugel			
Zylinder			
Kegel			
Pyramide			

2 Ordne jedem Körper passende Flächenformen zu. Verbinde.

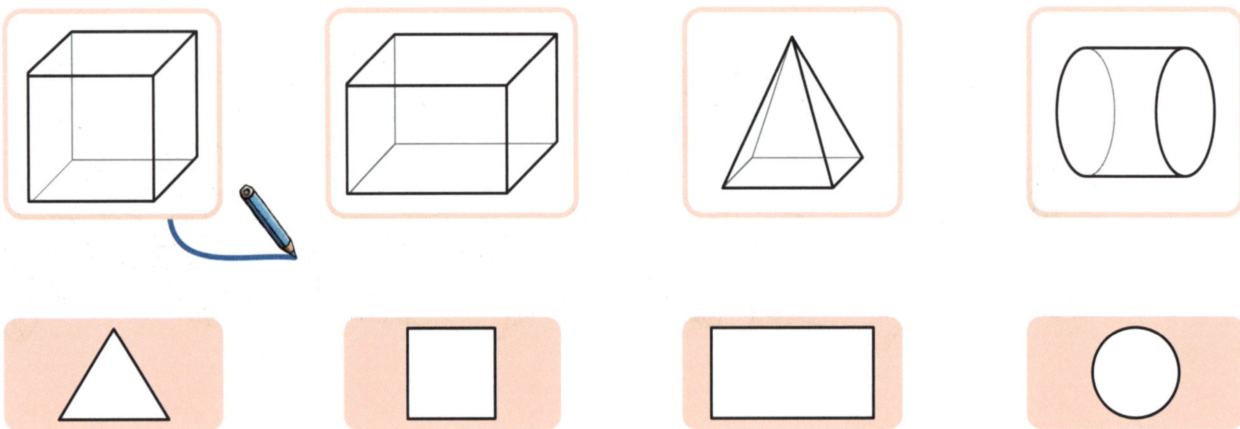

3 Löst die Körper-Rätsel. Erstellt auch eigene Rätsel.

★ **SF:** geometrische Körper mit Fachbegriffen „Ecke", „Kante" und „Fläche" beschreiben
★ geometrischen Körpern passende Flächenformen zuordnen
★ **SF:** Rätselaufgaben zu geometrischen Körpern finden und lösen

1 Betrachtet die Würfelmodelle, die die Kinder herstellen.
Vergleicht sie. Besprecht Unterschiede und Gemeinsamkeiten.

2 Stelle aus Knete, Schaumstoff oder anderen Materialien Vollmodelle mehrerer Körper her.

3 Baue Kantenmodelle mit Holzstäbchen und Kügelchen aus Knetmasse.
Überlege zuerst, welche Körper du so herstellen kannst.
Besprich vor dem Bauen mit einem anderen Kind, was ihr beachten müsst.

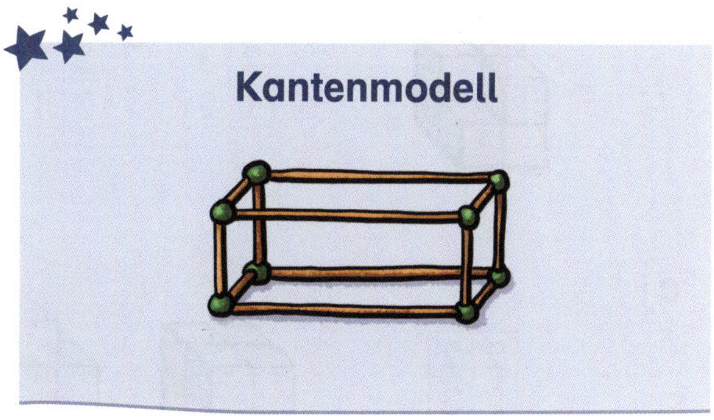

4 Baue Flächenmodelle aus Pappe und Klebestreifen.
Überlege zuerst, welche Körper du so herstellen kannst.
Besprich vor dem Bauen mit einem anderen Kind, was ihr beachten müsst.

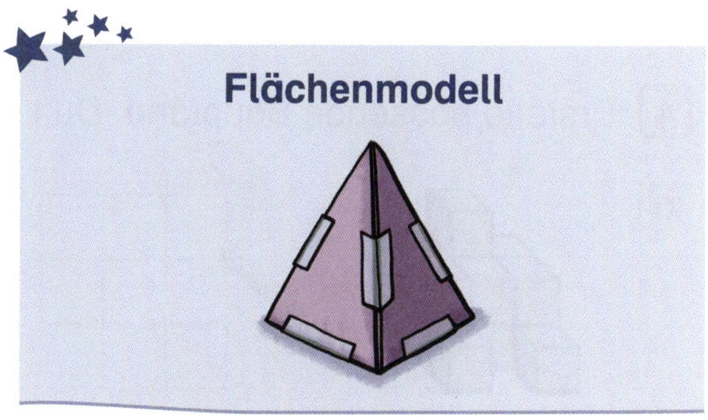

★ mit verschiedenen Materialien unterschiedliche Modelle (Vollmodelle, Kantenmodelle und Flächenmodelle) geometrischer Körper herstellen

3 Mit Würfeln nach Bauplänen bauen

1 Baue mit Steckwürfeln oder mit Holzwürfeln nach. Die Baupläne können dir helfen. Bestimme die Anzahl der Einzelwürfel.

a)

0	3	2	1
1	2	1	0

10

b)

3	3	3
3	3	2
3	2	1

c)

3	3	2	3
1	2	1	1

d)

3	4	3
2	3	2
1	2	1

2 Baue mit Steckwürfeln oder mit Holzwürfeln nach folgenden Bauplänen.

a)

2	2
3	1

b)

0	3	0
2	2	2
0	1	0

c)

4	2	3
3	2	1
1	0	0

d)

1	2	0
2	3	2
0	2	1

3 Immer ein Würfelbau und ein Plan passen zusammen. Kreise ein.

a)

2	3
1	2

3	2
2	1

b)

3	2	1
3	2	0

3	2	1
3	1	0

c)

2	2
2	3

d)

1	2	3
1	2	2
1	1	1

4 Erstelle passende Baupläne. Du kannst auch zuerst nachbauen.

a)

b)

★ Würfelbauten nach Vorlage oder Bauplan bauen ★ Anzahl der bei Würfelbauten verwendeten Einzelwürfel ermitteln ★ Baupläne und Würfelbauten passend zuordnen ★ zu vorgegebenen Würfelbauten Baupläne erstellen

1 Baue mit Steckwürfeln oder mit Holzwürfeln nach.
Bestimme die Anzahl der Einzelwürfel.

a) 

11

b) 

c) 

d) 

e) 

f) 

g) 

h) 

2 Immer ein Bauplan passt zum Würfelbau. Kreise ein.

a) 

4	2	3
3	2	1
2	0	0

4	2	3
3	2	1
1	0	0

5	2	3
3	2	1
1	0	0

b) 

3	3	2
3	3	2
3	3	1

3	3	0
3	3	1
3	3	2

3	3	2
3	3	1
3	3	0

c) 

1	4	1
1	2	0
0	1	0

2	4	1
1	2	0
0	1	0

1	4	2
1	2	1
0	1	1

d) 

4	3	3
2	2	1
1	1	0

4	3	2
3	2	1
0	1	0

2	3	4
1	2	3
0	1	0

* Anzahl der bei Würfelbauten verwendeten Einzelwürfel ermitteln
* den zum Würfelbau passenden Bauplan erkennen

1 Ordne die gezeichneten Ansichten zu.

von vorn | von hinten | von links | von rechts

2 Zeichne die Ansichten des Bauwerks.

von vorn | von hinten | von links | von rechts

⋆ verschiedene Ansichten eines Bauwerks aus geometrischen Körpern passend zuordnen
⋆ verschiedene Ansichten eines Bauwerks aus geometrischen Körpern zeichnen

1 Baue den Würfelbau nach.
Ordne die gezeichneten Ansichten zu.

von vorn | von hinten | von oben | von links | von rechts

2 Max hat seinen Würfelbau von vorn, von hinten, von links, von rechts und von oben fotografiert. Ordne die Fotos richtig zu.

von vorn

3 Finde die Würfelbauten, die mit dem ersten übereinstimmen. Kreuze an.

a)

b)

Du kannst eine Verpackung so zerschneiden, dass beim Auseinanderklappen eine zusammenhängende Fläche entsteht.
Das ist ein **Körpernetz**.

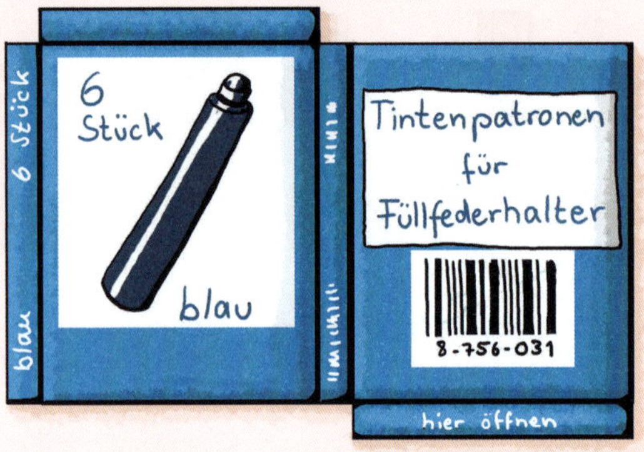

1 Stellt aus verschiedenen Verpackungen Körpernetze her.
Beschriftet eure Netze.
Sortiert die Netze nach den geometrischen Körpern.

2 Beschrifte die Körper. Verbinde sie mit dem jeweils passenden Netz.

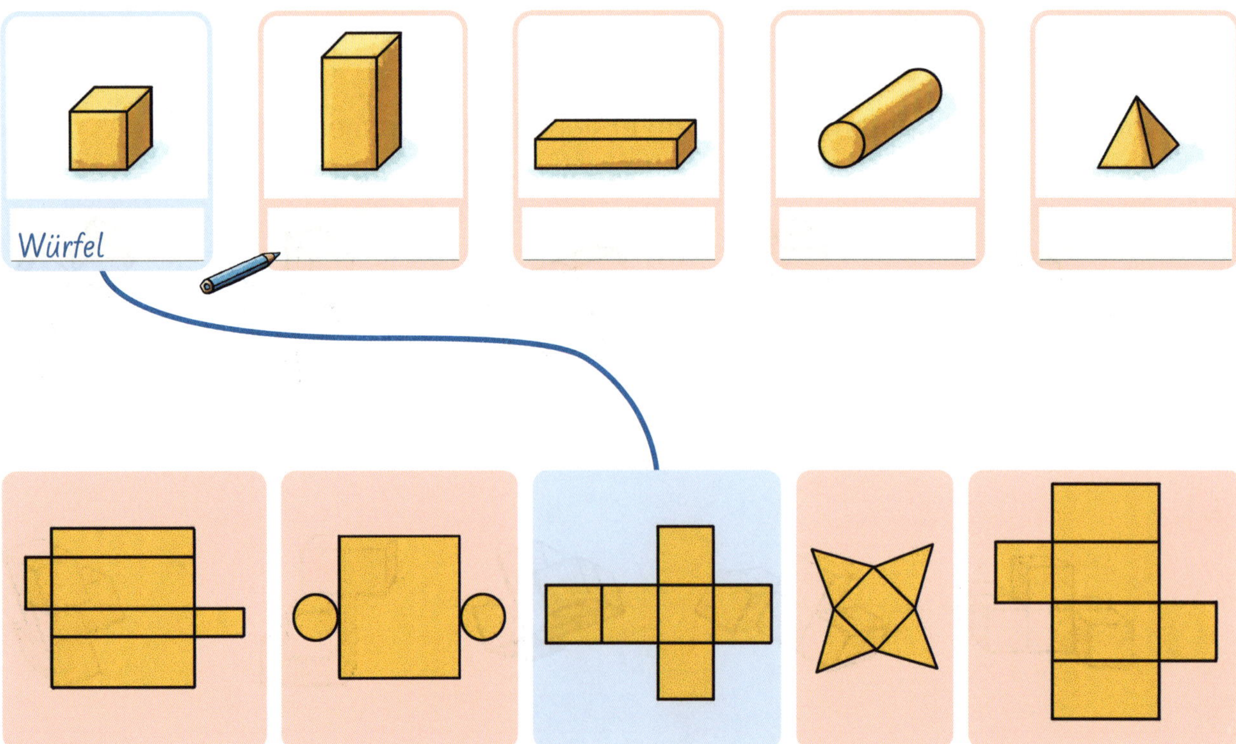

- Körpernetze durch Zerschneiden von Verpackungen herstellen
- geometrischen Körpern Körpernetze zuordnen

Würfelnetze herstellen und erkennen

1 Stelle das Würfelnetz von Einstern her.
Überprüfe es, indem du es zu einem Würfel zusammenfaltest.

2 Stelle weitere Würfelnetze her. Überprüfe sie durch Falten.
Zeichne dann deine Würfelnetze in dein Heft.

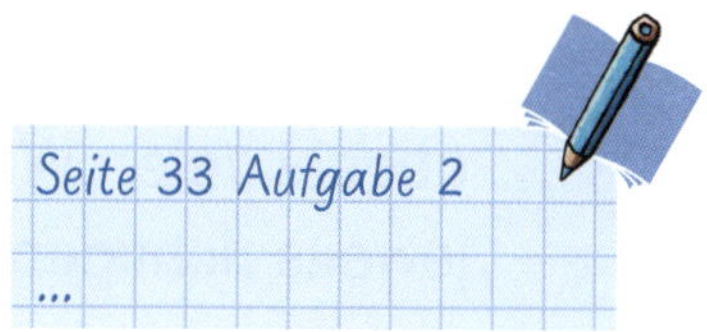

3 Betrachte die Zeichnungen. Kreuze die Würfelnetze an.

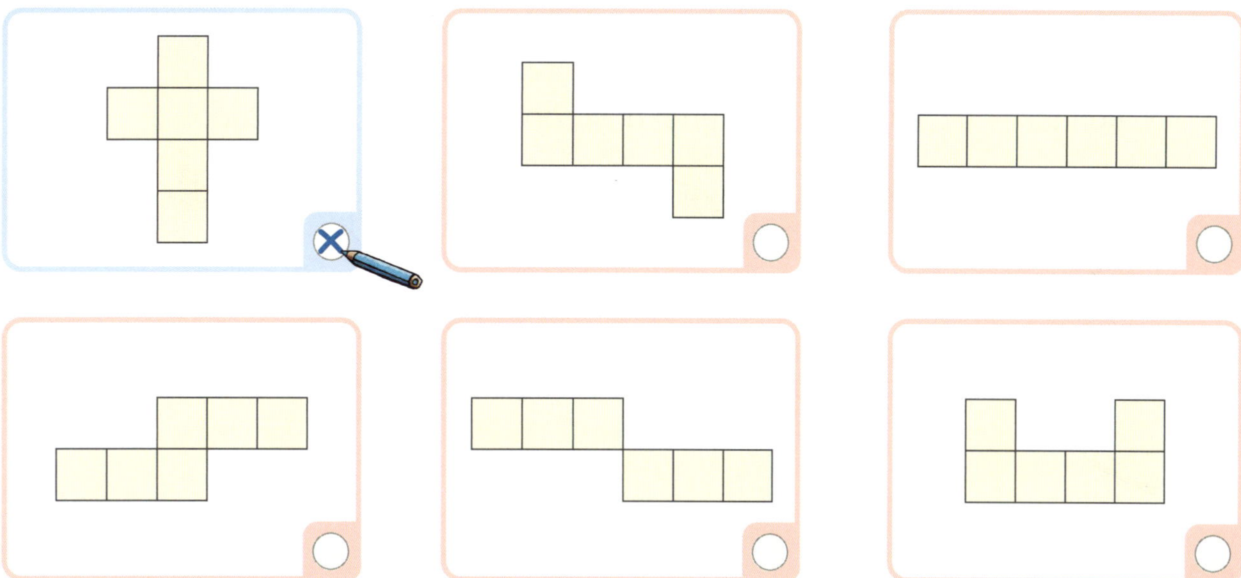

4 Ergänze die Zeichnungen so, dass ein Würfelnetz entsteht.

a)

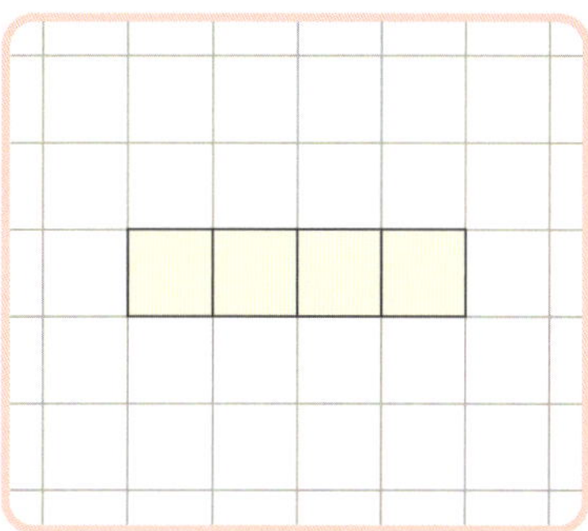

b)

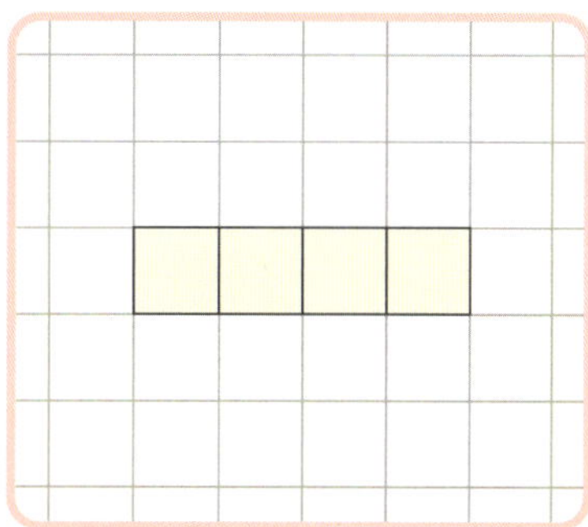

c)

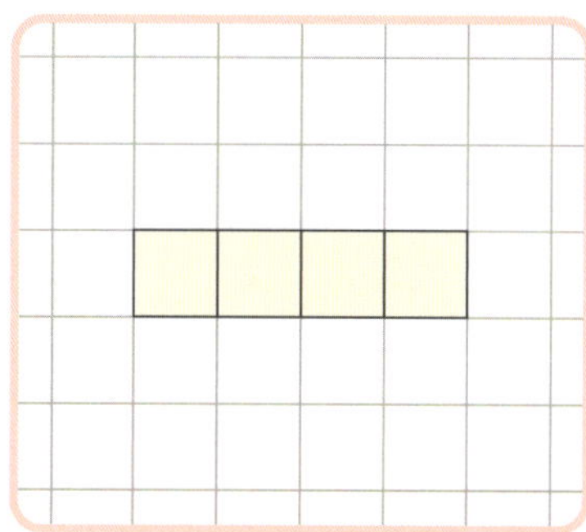

Einen Spielwürfel untersuchen

1 Zeichne die angegebenen Flächen des oben abgebildeten Würfels mit der jeweils richtigen Augenzahl.

oben 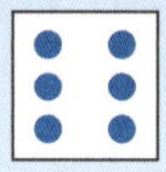

vorn ☐ rechts ☐

unten ☐ hinten ☐ links ☐

2 Kippe die Würfel in deiner Vorstellung.
Zeichne immer die Augenzahl auf, die dann oben zu sehen ist.
Du kannst es auch mit einem Würfel ausprobieren oder überprüfen.

a)  einmal nach links ☐

b)  einmal nach rechts ☐

c)  einmal nach hinten ☐

d)  einmal nach vorn ☐

3 Erkenne die Spielwürfel.

a) Kreuze die Netze an, die zu einem Spielwürfel passen.

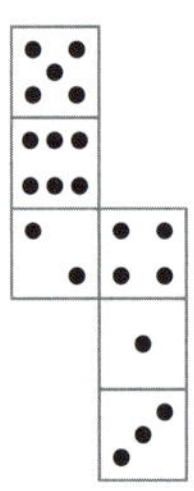 ◯

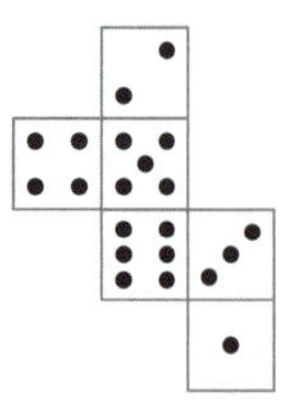 ◯

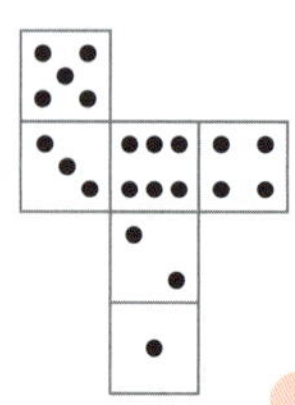 ◯

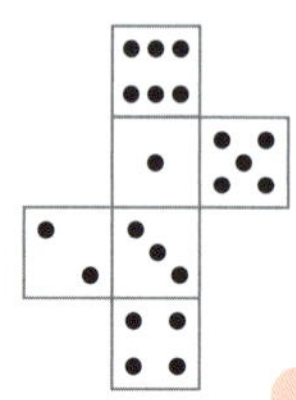 ◯

b) Begründet, warum die anderen Netze nicht zu einem Spielwürfel passen.

D 40

* Würfelbilder auf den Flächen eines Spielwürfels bestimmen * bei einem Spielwürfel passendes Würfelbild nach unterschiedlichen Kippbewegungen ermitteln und zeichnen
* Würfelnetze von Spielwürfeln identifizieren, Entscheidung begründen

1 Trage in die beiden Netze die fehlenden Augenzahlen ein.

a)

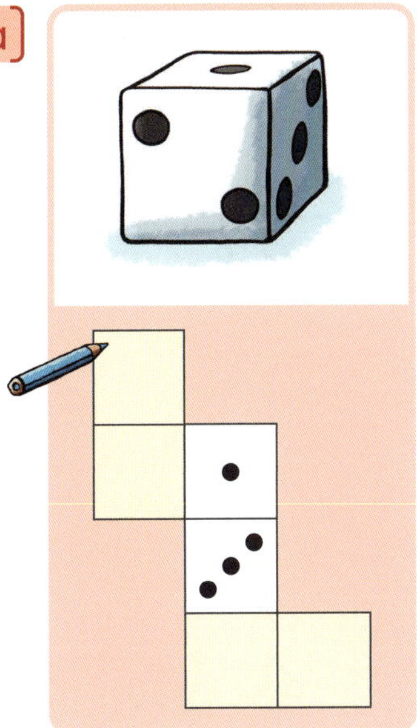

b)

2 Ergänze die fehlenden Augenzahlen.
Beschreibe deine Vorgehensweise und das Ergebnis einem anderen Kind.
Als Hilfe kannst du die Netze herstellen und zu einem Würfel zusammenbauen.

a)

b)

c)

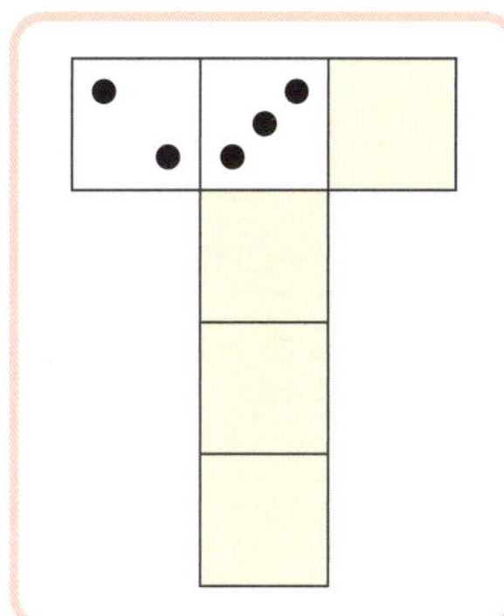

3 Ergänze jeweils die fehlende Fläche. Trage die passenden Augenzahlen ein.

a)

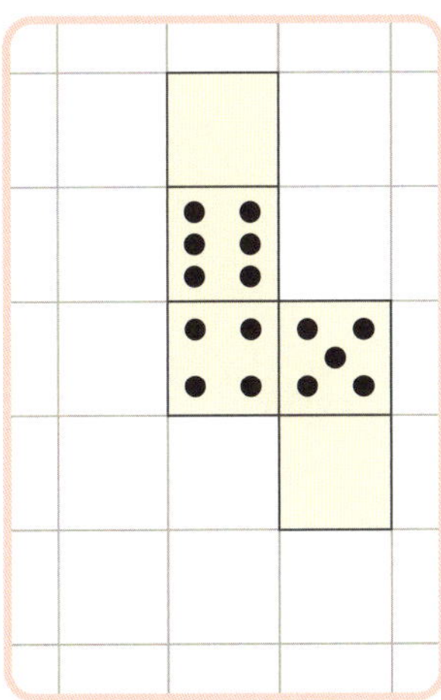

b)

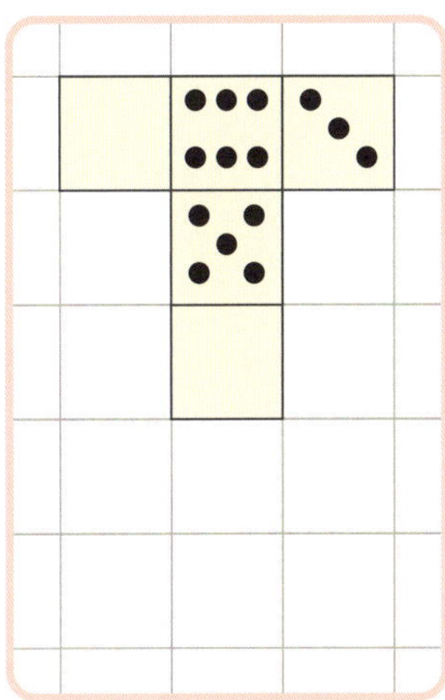

c)

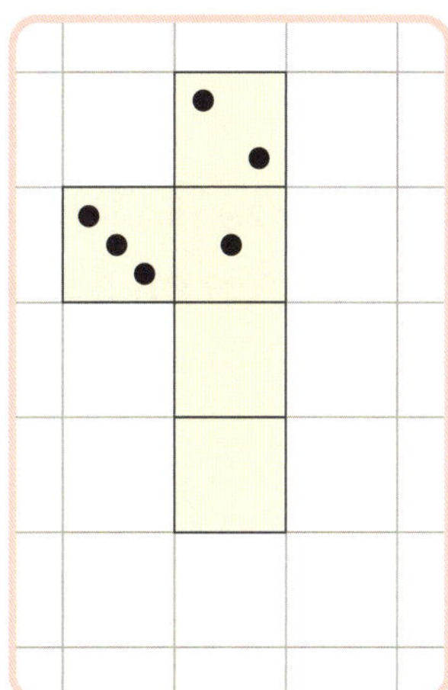

4 Subtrahieren mit einer Stellenüberschreitung üben

Abziehen

	5	13	
	~~6~~	~~3~~	8
−	2	7	6
	3	6	2

Ergänzen

		10	
	6	3	8
−	2	7	6
		1	
	3	6	2

1 Schreibe die Zahlen richtig untereinander.
Löse die Aufgaben und sprich dazu auf deine Art.

a) 638 – 276

  6 3 8
− 2 7 6

b) 747 – 219

c) 548 – 329

d) 519 – 378

2 Berechne immer die Differenz der beiden Zahlen.

a) 785 492

  7 8 5
− 4 9 2

b) 913 452

c) 149 367

d) 249 798

3 Setze die fehlenden Ziffern ein.
Denke an die Überträge.

a)
  4 7 6
− 2 _ 3
  _ 8 3

b)
  4 _ 6
− _ 2 8
  1 3 _

c)
  _ 1 _
− 5 _ 2
  3 3 3

d)
  4 _ 5
− _ 1 7
  2 1 _

★ SF: Subtraktionsaufgaben stellengerecht notieren und lösen, richtige Sprechweise anwenden ★ Subtraktionsaufgaben bilden ★ fehlende Ziffern in Subtraktionsaufgaben bestimmen

1 Kennzeichne zuerst die passenden Aufgaben.
Löse sie anschließend.

a Aufgaben ohne Stellenüberschreitung

b Aufgaben mit einer Stellenüberschreitung

c Aufgaben mit zwei Stellenüberschreitungen

	7	8	9
−	3	5	7

	6	9	4
−	3	5	6

	9	3	1
−	5	6	4

	6	3	7
−	5	1	4

	5	0	6
−	2	7	4

	8	0	0
−	3	7	6

	5	3	7
−	3	7	9

	7	6	1
−	4	2	3

2 Bilde Subtraktionsaufgaben aus diesen Zahlen.

284 352 507 710 903

Finde jeweils zwei Aufgaben ...

a ... mit einer Stellenüberschreitung.

b ... mit zwei Stellenüberschreitungen.

3 Bilde aus den Ziffern jeweils die größte und die kleinste Zahl.
Berechne dann die Differenz.

a 3 7 4

b 6 5 2

c 9 6 8

★ Subtraktionsaufgaben nach Anzahl der Stellenüberschreitungen sortieren und lösen ★ Subtraktionsaufgaben nach Vorgaben bilden und lösen
★ aus Ziffernkärtchen nach Vorgabe Zahlen und Subtraktionsaufgaben bilden

ÜH 42

1 Untersucht die Rechenwege der Kinder.

a Beschreibt, warum die unterschiedlichen Rechenwege jeweils zur Aufgabe passen.

b Sucht für jeden Rechenweg eine weitere dazu passende Subtraktionsaufgabe.

Seite 38 Aufgabe 1
b) ...

2 Überlege, welchen Rechenweg du wählen würdest. Kreise ein oder ergänze. Vergleiche mit einem anderen Kind. Begründe deine Wahl.

a 876 – 430

- 876 – 430 ... / 876 – 400 ...
- 876 – 430 (schriftlich) ...
- Im Kopf: 876 – 400 – 30

b 648 – 324

- 648 – 324 ... / 648 – 300 ...
- 648 – 324 (schriftlich) ...
- Im Kopf: 648 – 300 – 20 – 4

c 599 – 225

- 599 – 225 (schriftlich) ...
- Im Kopf: 600 – 225 – 1
- Im Kopf: 600 – 226

★ SF: verschiedene Rechenwege und ihre Notation aufgabenbezogen nachvollziehen und beschreiben, weitere passende Aufgaben finden
★ eigenen Rechenweg identifizieren bzw. notieren

3 Erkläre einem anderen Kind, wie die Kinder rechnen.

4 Überlege, welche Aufgaben du im Kopf und welche du schriftlich rechnest.
Markiere: im Kopf, schriftlich.
Begründe und vergleiche mit einem anderen Kind.

598 – 208 = ▢ | 760 – 520 = ▢ | 675 – 338 = ▢ | 849 – 299 = ▢

5 Löse die Aufgaben. Wenn du die Aufgabe im Kopf löst, schreibe nur das Ergebnis in dein Heft. Löse die anderen Aufgaben schriftlich.

a) 395 – 145 = ▢
865 – 478 = ▢
753 – 503 = ▢

b) 976 – 560 = ▢
411 – 105 = ▢
638 – 399 = ▢

c) 838 – 318 = ▢
498 – 273 = ▢
302 – 232 = ▢

d) 501 – 261 = ▢
954 – 263 = ▢
703 – 499 = ▢

Seite 39 Aufgabe 5
a) ...

6 Löse die Zahlenrätsel. Rechne im Kopf oder schriftlich.

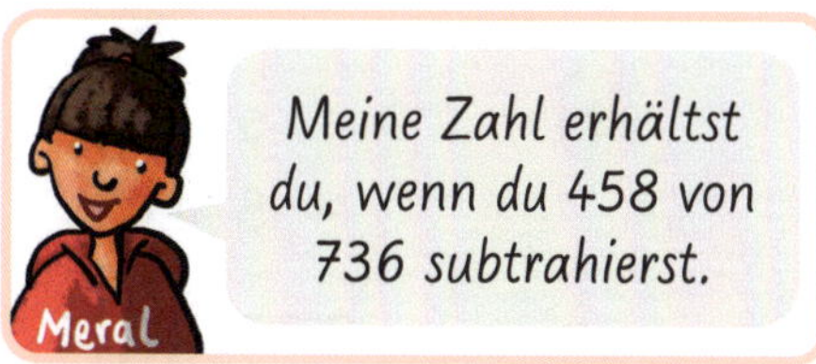

Seite 39 Aufgabe 6
Ole: ...
⋮

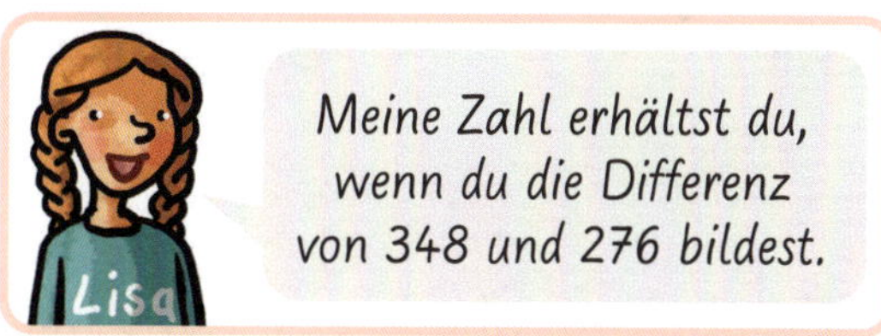

1 Löse die Aufgaben. Überprüfe deine Ergebnisse wie Tim mit der Umkehraufgabe.

a) $672 - 458$ + ____

b) $405 - 278$ + ____

c) $900 - 458$ + ____

2 Löse die Aufgaben. Schreibe wie Lea die Überschlagsrechnung (Ü) dazu.
Überprüfe zusätzlich wie Lisa die Endziffer (EZ).

a) $591 - 268$
Ü:
EZ:

b) $436 - 257$
Ü:
EZ:

c) $825 - 679$
Ü:
EZ:

3 Überprüfe die Rechnungen. Schreibe zu jeder Aufgabe auf,
ob das Ergebnis richtig (✓) oder falsch (*f*) ist. Schreibe auf, wie du überprüfst.

a) $825 - 658 = 107$
Überprüft wie

b) $793 - 513 = 280$
Überprüft wie

c) $806 - 419 = 449$
Überprüft wie

d) Vergleicht eure Ergebnisse. Überlegt, welche Methoden jeweils geeignet sind.

★ Subtraktionsaufgaben mithilfe der Umkehraufgabe, Endziffer und Überschlagsrechnung kontrollieren ★ geeignete Überprüfungsmöglichkeiten auswählen und anwenden

1 Löse zuerst die Subtraktionsaufgabe.
Finde die passende Umkehraufgabe und löse sie.
Kreise zusammengehörige Kärtchen in der gleichen Farbe ein.

532 − 358	412 − 289	905 − 867	987 − 498
489 + 498	123 + 289	174 + 358	38 + 867

2 Verbinde jede schriftliche Rechnung mit der passenden Überschlagsrechnung.
Löse die Aufgaben.

Ü: 800 – 480 = ☐	Ü: 930 – 410 = ☐	Ü: 830 – 450 = ☐
482 − 356	795 − 478	926 − 413
326 − 219	834 − 453	968 − 576
Ü: 480 – 360 = 120	Ü: 330 – 220 = ☐	Ü: 970 – 580 = ☐

1 Überprüfe jedes Ergebnis mit der Umkehraufgabe.
Schreibe zu jeder Aufgabe auf, ob das Ergebnis richtig (✓) oder falsch (*f*) ist.
Wenn das Ergebnis falsch ist, korrigiere es.

a)

	9	4	8	
−	3	7	9	
	4	5	9	*f*

	4	5	9
+	3	7	9
	1	1	
	8	3	8

	9	4	8
−	3	7	9

	5	3	6	
−	2	7	3	
	3	6	3	☐

	6	1	2	
−		7	4	
	5	3	8	☐

	7	3	1	
−	5	7	5	
	2	6	6	☐

b)

	2	8	6	
+	3	9	5	
	5	7	1	☐

	2	3	7	
+	3	5	4	
	5	8	1	☐

2 Überprüfe die Aufgaben. Gib jeweils an, welcher Fehler gemacht wurde.

A Addition statt Subtraktion

B Stellenüberschreitung vergessen

C Fehler beim Subtrahieren

D Zahlen falsch untereinander geschrieben

Schreibe die richtige Rechnung darunter auf.

a)

	5	8	3
−	2	5	7
	3	3	6

Fehler: ☐

b)

	6	4	3
−	2	7	4
	9	1	7

Fehler: ☐

c)

	8	5	3
−	6	8	
	1	7	3

Fehler: ☐

d)

	9	2	4
−	7	6	2
	1	6	1

Fehler: ☐

ÜH 44

★ Ergebnisse bei Aufgaben zur schriftlichen Subtraktion und Addition mithilfe der Umkehraufgabe kontrollieren und ggf. korrigieren
★ Fehlerquellen analysieren

1 Erkläre einem anderen Kind, was das Besondere der IRI-Zahlen ist.

2 Schreibe alle IRI-Zahlen auf. Überlege dir, wie du vorgehen kannst, damit du keine Zahl vergisst.

Seite 43 Aufgabe 2
...

3 Subtrahiere mit IRI-Zahlen.

a Notiere fünf Subtraktionsaufgaben mit IRI-Zahlen und löse sie.

b Besprich mit einem anderen Kind, was dir auffällt.

Seite 43 Aufgabe 3
a) ...

4 Löse die Aufgabenreihen und setze sie fort.

a

	2	1	2
–	1	2	1

	3	2	3
–	2	3	2

	4	3	4
–	3	4	3

...

b

	3	1	3
–	1	3	1

	4	2	4
–			

–			

...

c

–	1	4	1
	2	7	3

–			
	2	7	3

–			
	2	7	3

...

Seite 43 Aufgabe 4
a)

```
  2 1 2     ...
- 1 2 1
-------
    ...
```

b) ...

d Welches Muster entdeckst du? Erkläre es einem anderen Kind.

★ **SF:** IRI-Zahlen kennenlernen und beschreiben ★ **SF:** Subtraktionsaufgaben aus IRI-Zahlen bilden, Besonderheiten erkennen und beschreiben ★ **MK:** Aufgabenreihen mit IRI-Zahlen lösen und fortsetzen, dabei Strukturen erkennen und nutzen

1 Betrachte die Tabellen zu den Schulkindern in Rotfelden und Blautal.

Schule Rotfelden				
Schuljahr	1	2	3	4
Jungen	29	25		27
Mädchen	26		22	
insgesamt		53	48	56

Schule Blautal				
Schuljahr	1	2	3	4
Jungen		40		38
Mädchen	35		41	
insgesamt	68	75	84	77

a) Berechne die fehlenden Zahlen.

b) Finde passende Rechnungen (R) und Antworten (A).

F: Wie viele Kinder gehen jeweils in Rotfelden und in Blautal zur Schule?

R:

A:

F: Wie groß ist die Differenz der Schulkinderzahlen der beiden Schulen?

R:

A:

2 Stelle die Anzahl der Schulkinder in Rotfelden und Blautal je Klassenstufe in einem Schaubild dar.

웃 = 10 Kinder
| = 1 Kind

Rotfelden	
Schuljahr	Schulkinder
1	웃웃웃웃웃 IIIII
2	
3	
4	

Blautal	
Schuljahr	Schulkinder
1	
2	
3	
4	

* **MK:** Informationen aus einer Tabelle aufgabenbezogen entnehmen
* **SF:** passende Rechnungen finden und Antwortsätze formulieren
* Anzahl der Schulkinder in einem Schaubild darstellen

1 Finde zu jeder Rechengeschichte (G) und Frage (F) eine passende Rechnung (R) und Antwort (A). Prüfe zum Schluss, ob Geschichte, Frage, Rechnung und Antwort zusammenpassen.

a) G: Tobi steigt auf einen Turm, der 387 Stufen hat. 178 Stufen hat er geschafft.

F: Wie viele Stufen hat Tobi noch vor sich?

R:

A:

b) G: Für den neuen Weg zu den Fahrradständern werden 480 Betonsteine benötigt. 198 der Steine sind schwarz. Die restlichen Steine sind grau.

F: Wie viele graue Steine werden benötigt?

R:

A:

c) G: Die Kinder der Klasse 3 b haben insgesamt 432 Sticker gesammelt. 159 davon sind Glitzersticker und 148 sind flauschige Sticker.

F: Wie viele sonstige Sticker haben die Kinder gesammelt?

R:

A:

d) G: Im Zoo wurden am Sonntag insgesamt 812 Gäste gezählt. 37 Gäste hatten eine Dauerkarte. 352 Eintrittskarten wurden für Erwachsene verkauft.

F: Wie viele Eintrittskarten wurden für Kinder verkauft?

R:

A:

⁎ MK: Informationen aus einem Text aufgabenbezogen entnehmen
⁎ SF: passende Rechnungen finden und Antwortsätze formulieren sowie auf Plausibilität prüfen

1 Besprich mit einem anderen Kind, was die Zahlenangaben und Abkürzungen bedeuten.

2 Suche Längenangaben.

a) Suche in deiner Umgebung, in Zeitungen, Prospekten und im Internet weitere Abbildungen mit Längenangaben. Du kannst diese auch fotografieren.

b) Zeichne oder klebe die Bilder in dein Heft. Du kannst auch mit anderen Kindern ein Plakat gestalten.

⋆ **SF:** Längenangaben in Abbildungen aus dem Alltag beschreiben und verstehen
⋆ **MK:** in der eigenen Umgebung, in Zeitungen, Prospekten und im Internet Längenangaben sammeln, ausschneiden, zeichnen oder fotografieren und dokumentieren

Meist messen wir mit genormten Maßen. Seit 1875 ist die Grundeinheit unserer Längenmaße der Meter (m). Er wird in Zentimeter (cm), Dezimeter (dm) und Millimeter (mm) eingeteilt.

Eintausend Meter ergeben einen Kilometer (1 km).

1 m = 100 cm
1 m = 10 dm
1 dm = 10 cm
1 cm = 10 mm
1 m = 1 000 mm

1 km = 1 000 m

1 Überlege gemeinsam mit einem anderen Kind, warum genormte Maßeinheiten festgelegt wurden.

2 Miss die Längen ...

a) ... mit deinen Körpermaßen.
Trage deine Messergebnisse in die blaue Spalte der Tabelle ein.

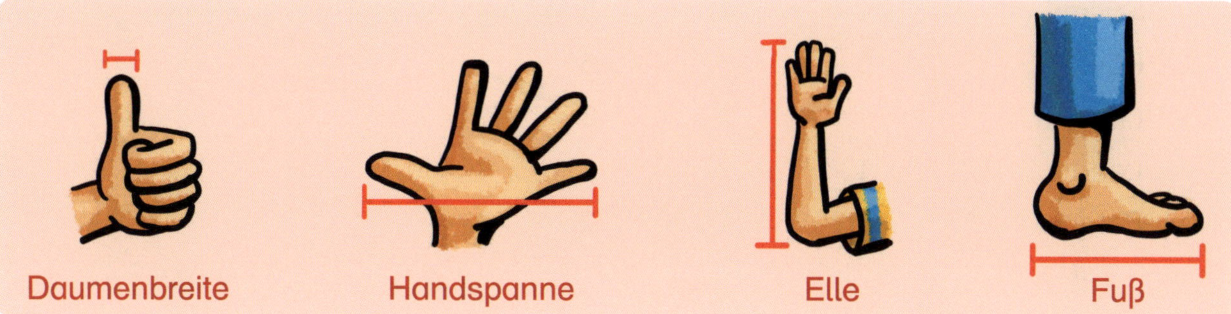

b) ... in Meter (m) und Zentimeter (cm).
Trage deine Messergebnisse in die gelbe Spalte der Tabelle ein.

	Körpermaße	genormte Maße
Tischbreite	Daumenbreiten	
Tischlänge	Handspannen	
Tafelbreite	Ellen	
Klassenzimmerbreite	Fußlängen	

3 Besprich deine Ergebnisse in den Aufgaben 2 a) und 2 b) mit einem anderen Kind.

a) Was stellt ihr fest?

b) Begründet, warum genormte Maßeinheiten notwendig sind.

★ genormte Längenmaße wiederholen und kennenlernen
★ Begründungen für die Notwendigkeit genormter Längenmaße finden
★ mit Körpermaßen und Messinstrumenten in den Einheiten m und cm messen

1 Die Kinder haben ihre Körpergrößen gemessen.
Notiere sie auf drei Arten.

	m	10 cm	1 cm	
Sofie	1	3	5	135 cm = 1 m 35 cm = 1,35 m
Paul	1	2	6	
Lisa	1	2	9	
Lena	1	2	1	
Patrick	1	4	2	

2 Wandle um.

a) Schreibe in m und cm.

1,06 m = 1 m 6 cm
3,84 m = ______
21,35 m = ______
10,07 m = ______

b) Schreibe in m.

4 m 80 cm = ______
8 m 27 cm = ______
27 m 4 cm = ______
13 m 75 cm = ______

c) Schreibe in cm.

1,36 m = ______
3,95 m = ______
9,51 m = ______
3,08 m = ______

3 Wandle um. Ergänze die Tabelle.

5 m 8 cm			4 m 68 cm		
5,08 m	1,71 m			3,99 m	
508 cm		780 cm			102 cm

* unterschiedliche Schreibweisen bei Längenangaben in m und cm kennenlernen
* **SF:** Sprechweise bei Längenangaben in Kommaschreibweise kennenlernen
* Längenangaben in m und cm umwandeln

1 Vergleiche die Längenangaben. Setze die Zeichen <, > oder = passend ein.

a)			b)			c)		
2 m 30 cm	◯	3,20 m	1,32 m	◯	231 cm	501 cm	◯	5 m 10 cm
6 m 10 cm	◯	6,01 m	6,05 m	◯	650 cm	945 cm	◯	9 m 45 cm
8 m 30 cm	◯	8,83 m	9,85 m	◯	985 cm	840 cm	◯	8 m 4 cm
5 m 9 cm	◯	5,90 m	3,40 m	◯	304 cm	765 cm	◯	5 m 67 cm

2 Schreibe die Längenangaben der Größe nach geordnet auf.

a Beginne mit der kleinsten Länge.

5,03 m | 3 m 5 cm | ~~35 cm~~ | 530 cm | 3,50 m

35 cm < ______________________________

b Beginne mit der größten Länge.

7,02 m | 2,70 m | 72 cm | ~~7 m 20 cm~~ | 207 cm

7 m 20 cm > ______________________________

3 Löse die Aufgaben.

a)
2 m 30 cm + 4 m 50 cm = ________
5 m 50 cm + 6 m 25 cm = ________
4 m 80 cm + 3 m 40 cm = ________
9 m 90 cm + 5 m 65 cm = ________

b)
1,50 m + 2,30 m = ________
7,15 m + 1,75 m = ________
8,80 m + 3,70 m = ________
6,95 m + 6,55 m = ________

c)
8 m 70 cm – 2 m 30 cm = ________
9 m 95 cm – 4 m 20 cm = ________
8 m 30 cm – 4 m 50 cm = ________
11 m 25 cm – 3 m 75 cm = ________

d)
7,80 m – 3,50 m = ________
6,85 m – 1,30 m = ________
9,40 m – 2,70 m = ________
12,45 m – 4,65 m = ________

★ Längenangaben in m und cm in unterschiedlicher Schreibweise vergleichen und ordnen ★ mit Längenangaben in m und cm, auch in Kommaschreibweise, rechnen

1 Die Kinder erzielten beim Weitsprung folgende Ergebnisse.
Notiere sie auf drei Arten.

	m	10 cm	1 cm	
Mai-Lin	2	9	8	2 m 98 cm = 2,98 m = 298 cm
Patrick	2	9	5	
Ole	3	0	7	
Lea	3	0	4	
Sofie	0	9	5	

2 Betrachte die Aussagen der Kinder und die Tabelle aus Aufgabe 1.
Ermittle, wie weit die Kinder gesprungen sind.

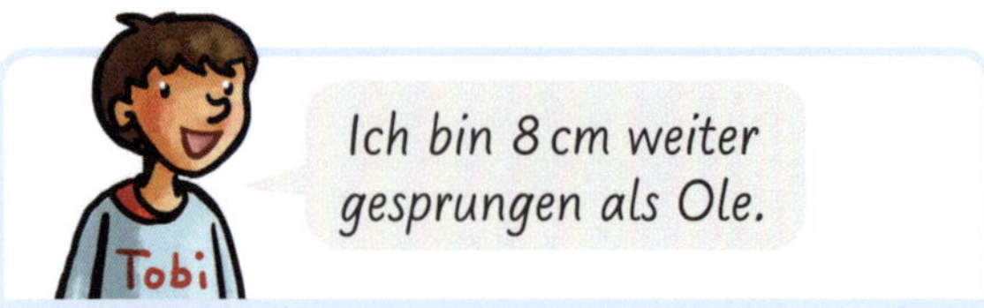

307 cm + 8 cm = 315 cm

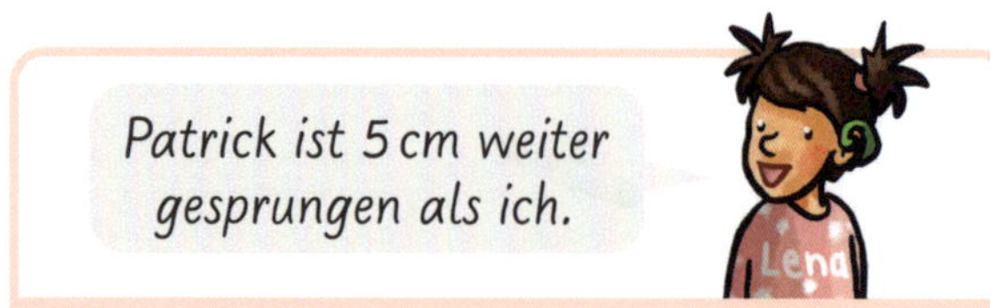

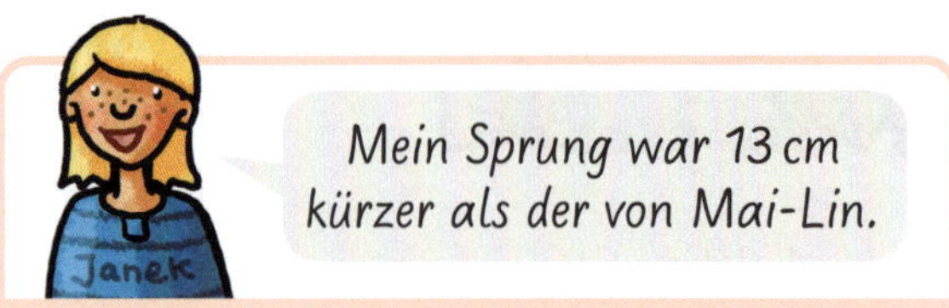

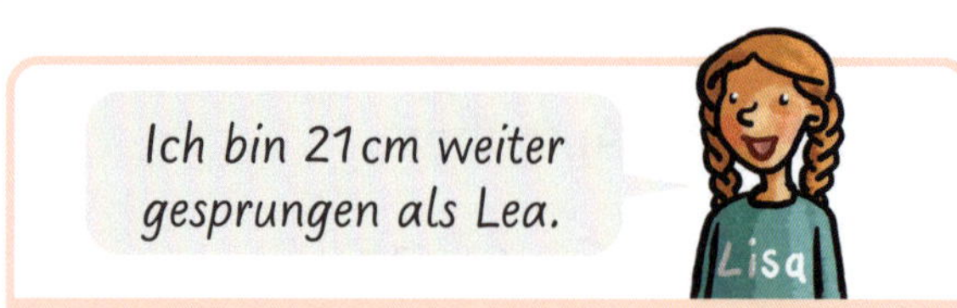

3 Vergleiche die Weiten, die die Kinder aus Aufgabe 2 gesprungen sind. Nummeriere.

1.

★ Längenangaben in m und cm umwandeln
★ mit Längenangaben in m und cm in Sachsituation rechnen, sie vergleichen und ordnen

1 Ordne jeder Aufgabe (A) eine Skizze (S) und eine Rechnung (R) passend zu.
Male die Kästchen jeweils in der gleichen Farbe aus.

Patrick ist 1,42 m groß. Wenn Mai-Lin sich auf eine 18 cm hohe Treppenstufe stellt, ist sie genauso groß. Wie groß ist Mai-Lin? ☐

Ole und sein kleiner Bruder sind zusammen so groß wie der Vater. Der Vater ist 1,87 m groß und der kleine Bruder 52 cm. ☐

Lisa ist 22 cm kleiner als ihre große Schwester Emma. Emma ist 1,51 m groß. Wie groß ist Lisa? ☐

☐

☐

☐

1,51 m – 22 cm = 1,29 m ☐

1,87 m – 52 cm = 1,35 m ☐

1,42 m – 18 cm = 1,24 m ☐

Seite 51 Aufgabe 2
Lea:
S: ...

2 Stelle fest, wie groß die Kinder sind. Zeichne selbst eine Skizze (S) und schreibe eine Rechnung (R) dazu in dein Heft.

Mein Papa ist 1,91 m groß. Meine Mama ist 1,78 m groß. Wenn wir uns hintereinander-legen, sind wir 5 m lang.

Meine Schwester ist 12 cm größer als ich. Sie ist 1,45 m groß.

Mein Teddy und ich sind zusammen so groß wie Mama. Mein Teddy ist 28 cm groß, Mama 1,65 m.

Meine Schwester und ich sind zusammen so groß wie mein Vater. Mein Vater ist 1,89 m groß. Meine Schwester ist 63 cm groß.

3 Finde selbst eine Aufgabe (A). Du kannst Zahlenangaben erfinden oder zu deiner Familie passende Zahlenangaben verwenden. Stelle die Aufgabe einem anderen Kind.

Seite 51 Aufgabe 3
A: ...

★ Aufgaben, Skizzen und Rechnungen zuordnen ★ Aufgaben mithilfe von Skizzen lösen ★ mit Längenangaben in Kommaschreibweise in Sachsituationen rechnen
★ selbst Aufgaben zum Lösen mithilfe von Skizzen erstellen

Um genau zu messen, ist die Längeneinheit Zentimeter manchmal zu groß.

Man benötigt die kleinere Einheit Millimeter (mm).

10 mm = 1 cm
1 cm = 10 mm

10 Millimeter (mm) sind so lang wie ein Zentimeter (cm).

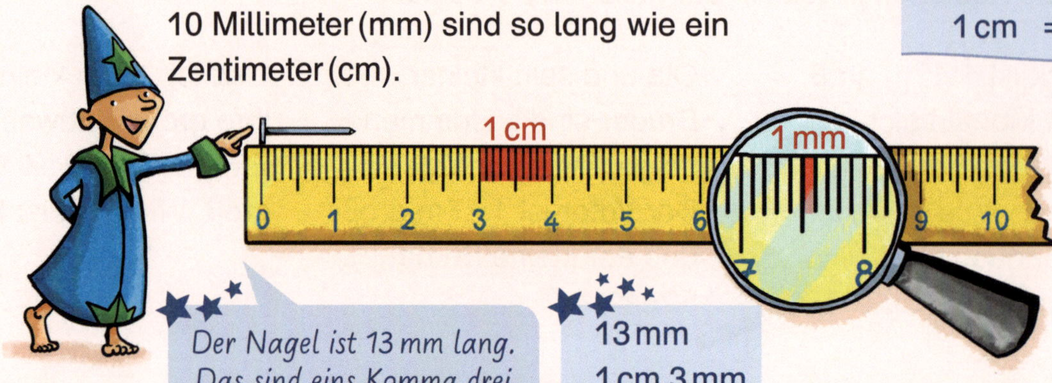

Der Nagel ist 13 mm lang. Das sind eins Komma drei Zentimeter.

13 mm
1 cm 3 mm
1,3 cm

1 Miss die Längen der Nägel mit dem Lineal. Schreibe sie in Millimeter (mm) auf.

a)  10 mm

b) 

c) 

d) 

e) 

2 Miss die Körperlängen folgender, in Originalgröße abgebildeter Tiere.
Notiere deine Ergebnisse. Zeichne die Längen der Tiere darunter.

a) 
Raupe des Kleinen Fuchses
21 mm = 2 cm 1 mm

b) 
Libelle

c) 
Wespe

d) 
Biene

e) 
Grünes Heupferd

f) 
Raupe des Schwalbenschwanzes

★ **SF:** die Maßeinheit mm sowie unterschiedliche Schreib- und Sprechweisen bei Längenangaben in cm und mm kennenlernen ★ Längen in mm sowie cm messen
★ Strecken mit vorgegebener Länge in cm und mm zeichnen

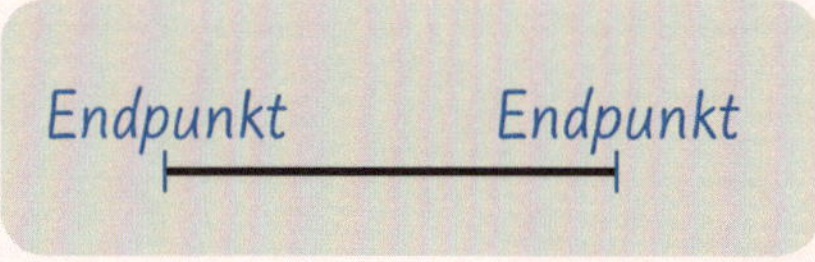

1 Miss die Längen der Strecken mit dem Lineal und schreibe sie auf.

a) 1 cm 4 mm = 1,4 cm

b) ______

c) ______

d) ______

e) ______

f) ______

g) Suche dir ein anderes Kind. Vergleicht eure Ergebnisse. Wenn ihr unterschiedliche Ergebnisse habt, messt neu.

2 Zeichne Strecken mit folgenden Längen.

a) 22 mm

b) 5 mm

c) 34 mm

d) 1,1 cm

e) 1,7 cm

f) 4,1 cm

g) Bitte ein anderes Kind, deine Zeichnungen zu prüfen.

3 Schätze zuerst die Längen der Strecken. Miss dann mit dem Lineal genau nach. Notiere deine Ergebnisse in der Tabelle.

	a	b	c	d	e
geschätzt					
gemessen					

1 Immer drei Kärtchen gehören zusammen. Umrande.

2 cm 8 mm	19 mm	7 cm 4 mm
74 mm	2,8 cm	9,7 cm
1,9 cm	9 cm 7 mm	97 mm
7,4 cm	28 mm	1 cm 9 mm

2 Wandle um.

a) Schreibe in mm.

1 cm 6 mm = ______
3 cm 1 mm = ______
2 cm 7 mm = ______
8 cm 9 mm = ______

b) Schreibe in cm und mm.

24 mm = ______
51 mm = ______
17 mm = ______
93 mm = ______

c) Schreibe in cm.

31 mm = ______
44 mm = ______
5 mm = ______
87 mm = ______

3 Wandle um. Ergänze die Tabelle.

5 cm 6 mm					6 cm 7 mm
5,6 cm	7,1 cm			4,8 cm	
56 mm		11 mm	30 mm		

4 Vergleiche die Längenangaben. Setze die Zeichen <, > oder = passend ein.

a)
2 cm 3 mm ◯ 3,2 cm
6 cm 1 mm ◯ 5,1 cm
8 cm 3 mm ◯ 8,3 cm
5 cm 9 mm ◯ 9,5 cm

b)
27 mm ◯ 2 cm 7 mm
8 mm ◯ 1 cm 1 mm
38 mm ◯ 8 cm 3 mm
57 mm ◯ 5 cm 3 mm

c)
1,6 cm ◯ 19 mm
8,2 cm ◯ 28 mm
7,1 cm ◯ 67 mm
5,3 cm ◯ 53 mm

* Längenangaben in cm und mm umwandeln
* Längenangaben in cm und mm in unterschiedlicher Schreibweise vergleichen

5 Schreibe die Längenangaben der Größe nach geordnet auf.

a Beginne mit der kleinsten Länge.

37 mm | ~~3 cm 5 mm~~ | 53 mm | 7 cm 5 mm | 5,7 cm

3 cm 5 mm <

b Beginne mit der größten Länge.

8 cm 2 mm | 4,2 cm | 2 cm 4 mm | 28 mm | ~~8 cm 4 mm~~

8 cm 4 mm >

6 Löse die Aufgaben.

a)
2 cm 6 mm + 4 cm 2 mm = ______
6 cm 1 mm + 3 cm 4 mm = ______
5 cm 4 mm + 5 cm 3 mm = ______

b)
5 cm 3 mm + 8 cm 7 mm = ______
9 cm 5 mm + 4 cm 7 mm = ______
13 cm 9 mm + 6 cm 8 mm = ______

c)
9 cm 7 mm – 4 cm 2 mm = ______
7 cm 9 mm – 3 cm 1 mm = ______
15 cm 8 mm – 7 cm 6 mm = ______

d)
6 cm 4 mm – 5 cm 4 mm = ______
8 cm 4 mm – 2 cm 6 mm = ______
12 cm 2 mm – 3 cm 8 mm = ______

7 Berechne das Haar- und Nagelwachstum für die angegebenen Zeitabschnitte. Zeichne zu deinem Ergebnis eine Strecke in entsprechender Länge.

So viel wachsen Haare und Nägel ungefähr in einem Monat:

Kopfhaare: 10 mm
Augenbrauen: 5 mm
Fingernägel: 3 mm
Zehennägel: 1 mm

Seite 55 Aufgabe 7
Kopfhaare: a) 20 mm
b) ...
⋮
Augenbrauen: a) ...
⋮

a in 8 Wochen
b in einem Vierteljahr
c in einem halben Jahr
d in einem Jahr

Große Entfernungen misst man in Kilometer (km).

Um 1 km zu Fuß zurückzulegen, benötigst du ungefähr 15 Minuten. Das sind etwa 2 000 Kinderschritte. Um 1 km mit dem Fahrrad zu fahren, benötigst du ungefähr vier Minuten.

1 km ist etwa 10-mal so lang wie ein Fußballfeld.
1 km ist so lang wie 40 Bahnen im Schwimmbad.

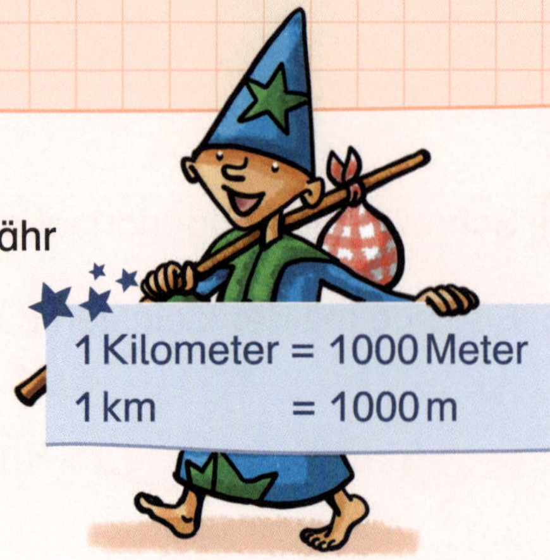

1 Kilometer = 1000 Meter
1 km = 1000 m

1 Beantworte die Fragen.

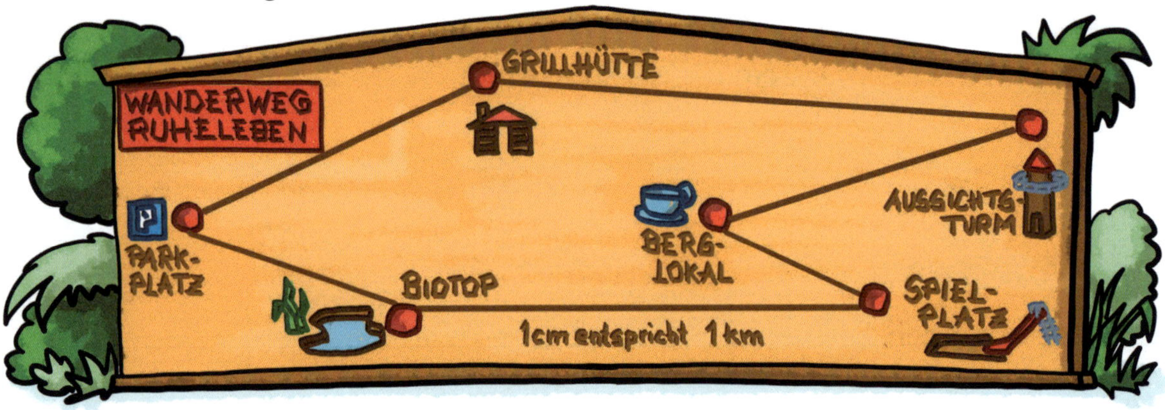

a) Welche ist die kürzeste Teilstrecke des Wanderweges? ______________________

____

b) Wie lang ist der kürzere Weg vom Parkplatz bis zum Aussichtsturm? ____ km

c) Wo steht folgender Wegweiser?  ______________________

d) Auf halbem Weg zwischen Biotop und Berglokal steht eine Bank. Wie weit ist sie vom Spielplatz entfernt? ____ km

2 Schreibe weitere Fragen auf und bitte ein anderes Kind, diese mithilfe des Wanderplans zu beantworten.

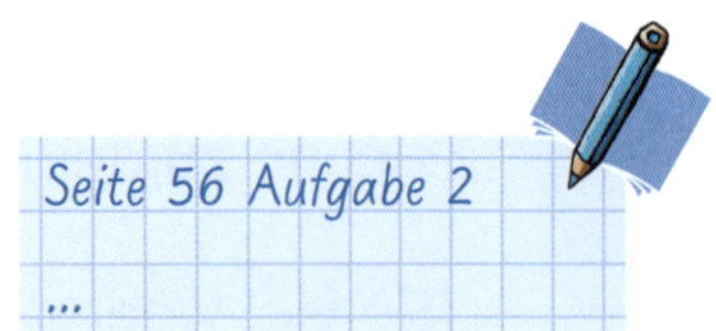

3 Ergänze die Sätze.

a) Meral legt in 15 Minuten ungefähr eine Strecke von ________ zurück.

b) Für 2 km benötigt sie ______________________ .

c) In 2 Stunden legt sie ungefähr ________ zurück.

d) Für eine Strecke von 6 km benötigt sie etwa ______________________ .

* die Maßeinheit km kennenlernen * Vergleichsgrößen zu „1 km" kennenlernen
* **MK:** einer Wanderkarte aufgabenbezogen Informationen entnehmen
* Wanderzeit und Entfernung zueinander in Beziehung setzen

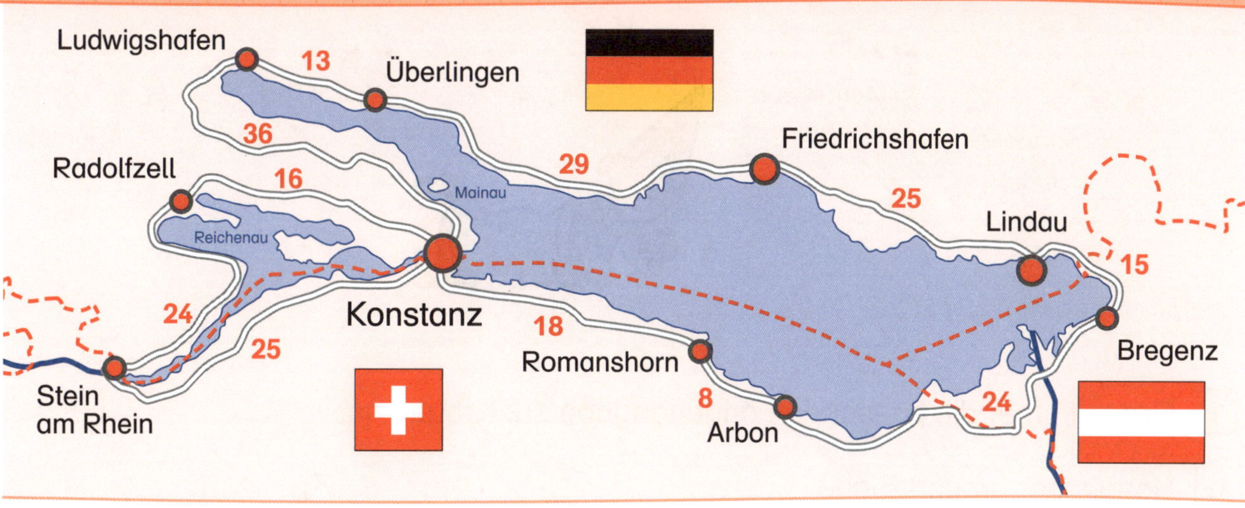

1 Ole macht mit seiner Schwester Mia und den Eltern eine Radrundfahrt um den Bodensee.

a) Schreibt auf, durch welche Länder sie fahren.

Seite 57 Aufgabe 1
a) ...

b) Berechnet wie viele Kilometer sie fahren, wenn sie den ganzen See umrunden.

c) Sie überlegen, die Fähre von Romanshorn nach Lindau zu nehmen, statt über Arbon und Bregenz zu fahren. Wie viele Kilometer legen sie dadurch weniger mit dem Fahrrad zurück?

2 Die Fahrradtour soll in Überlingen starten und enden. Die Tagesstrecken sollen höchstens 50 km lang sein.

a) Erstellt einen Routenplan für eine 6-Tage-Tour.

Seite 57 Aufgabe 2
a) ...

b) Erstellt einen Routenplan für eine 7-Tage-Tour.

Überlingen $\xrightarrow[\text{1. Tag}]{\text{49 km}}$ Konstanz $\xrightarrow[\text{2. Tag}]{\text{... km}}$ ...

Schreibt so auf.

3 Überlegt, wie viele Stunden Ole bei einer Rundfahrt um den gesamten Bodensee ungefähr auf seinem Sattel sitzt.

4 Im Internet, bei Tourismusinformationen oder Reisebüros gibt es fertige Tourenvorschläge. Vergleicht diese mit eurer Planung.

* **MK:** einer Karte relevante Informationen entnehmen
* Routenpläne zusammenstellen und auswerten
* **MK:** Touren- und Routenvorschläge mit den eigenen Planungen vergleichen

1 Ordne immer die passende Längenangabe zu. Kreuze an.

a) Höhe einer großen Eiche	○ 2 m	☒ 20 m	○ 200 m
b) Strecke nach 8 Minuten Fahrrad fahren	○ 25 km	○ 2 km	○ 800 m
c) Länge deines Fußes	○ 1 dm	○ 2 dm	○ 4 dm
d) Länge eines Lastwagens	○ 50 m	○ 5 m	○ 12 m

2 Sammle Längenangaben von verschiedenen Gegenständen und gestalte Karten für ein Quiz. Du kannst selbst Gegenstände messen, Längenangaben in einem Lexikon und im Internet suchen oder hier im Heft nachschauen. Spiele zusammen mit anderen Kindern.

3 Setze die Maßeinheiten km, m, dm, cm und mm passend ein.

a) Länge eines Füllers: 13 cm
b) Breite eines Radiergummis: 19 ____
c) Länge eines Textmarkers: 1 ____
d) Weltrekord im Weitsprung: 8,95 ____
e) Strecke zu Fuß in einer Stunde: 4 ____
f) Länge einer Ameise: 4 ____

4 Ordne die Beispiele folgenden Längenangaben zu:

A Daumenbreite B ~~Bleistiftspitze~~ C Strecke in 15 Minuten zu Fuß
D Tafellineal E 10 Papierblätter übereinander F Länge eines Klebestiftes
G Länge des Fußballplatzes H 4 Bahnen im Schwimmbad
I 2000 Kinderschritte J Breite eines Mäppchens K Größe eines 4-jährigen Kindes

a) 1 mm B, ____
b) 1 cm ____
c) 1 dm ____
d) 1 m ____
e) 100 m ____
f) 1 km ____

* Angaben aus dem Lebensumfeld passende Längenangaben und Maßeinheiten zuordnen
* vorgegebenen Längenangaben in den Einheiten mm, cm, dm, m und km passende Repräsentanten zuordnen

Mit Längenangaben in unterschiedlichen Einheiten umgehen

1 Miss die Strecken. Schreibe dein Ergebnis in der vorgegebenen Einheit auf.

a) ☐ mm

b) ☐ cm

c) ☐ cm ☐ mm

d) ☐ cm

e) ☐ mm

2 Zeichne Strecken mit folgenden Längen.

a) 3 mm

b) 3 cm

c) 2 cm 5 mm

3 Entscheide, ob die Aussagen richtig oder falsch sind.

	stimmt	stimmt nicht
Leas Vater ist 1,40 m groß.	○	X
Ein Auto ist 4,40 m lang.	○	○
Janeks Schuhe haben eine Länge von 12 cm.	○	○
Eine Fliege ist 7 mm lang.	○	○
Tims Schulweg ist 200 km lang.	○	○
Ein langes Lineal hat eine Länge von 30 cm.	○	○

4 Setze km, m, dm, cm oder mm passend ein.

a) Der Schreibtisch ist 1 _____ 20 _____ lang.

b) Bei einer 3-stündigen Wanderung kann man eine Strecke von 12 _____ zurücklegen.

c) Lisas Lieblingsbuch ist 12 _____ dick.

d) Tims Schuhe sind 21 _____ lang.

e) Sofies weitester Sprung war 2,75 _____ weit.

f) Die zusammengeklappte Tafel ist 20 _____ breit.

* Strecken in cm und mm messen und zeichnen
* Aussagen auf Plausibilität prüfen
* Angaben aus dem Lebensumfeld passende Maßeinheiten zuordnen

1 Ergänze auf volle Zentimeter, Meter oder Kilometer.

a)

1 cm	
3 mm	*7 mm*
0,8 cm	
6 mm	
0,5 cm	
1 mm	

1 m	
0,20 m	
0,03 m	
32 cm	
5 dm	
81 cm	

1 km	
875 m	
360 m	
50 m	
995 m	
105 m	

b)

1 cm	
5 mm	*5 mm*
	9 mm
	10 mm
0,4 cm	
0,2 cm	

1 m	
26 cm	
	7 dm
0,30 m	
	8 cm
0,04 m	

1 km	
923 m	
	87 m
534 m	
	287 m
299 m	

2 Löse die Aufgaben.
Beachte: Vor dem Rechnen musst du unterschiedliche Längeneinheiten zuerst im Kopf in die gleiche Einheit umwandeln.

a) 6,40 m + 2 m 30 cm = ______
5,60 m + 1 m 10 cm = ______
9,80 m – 4 m 20 cm = ______
7,70 m – 3 m 50 cm = ______

b) 1 m 70 cm + 610 cm = ______
4 m 20 cm + 330 cm = ______
7 m 50 cm – 240 cm = ______
8 m 60 cm – 420 cm = ______

c) 6 cm + 27 mm = ______
20 cm + 35 mm = ______
7 cm – 8 mm = ______
9 cm – 30 mm = ______

d) 4 cm 2 mm + 14 mm = ______
8 cm 5 mm + 31 mm = ______
9 cm 5 mm – 23 mm = ______
7 cm 9 mm – 42 mm = ______

3 An der Grenze hat sich ein Lkw-Stau von ungefähr 1 km Länge gebildet.

a) Überlege, wie viele Lkw dort ungefähr im Stau stehen.

b) Vergleicht und begründet eure Lösungen.

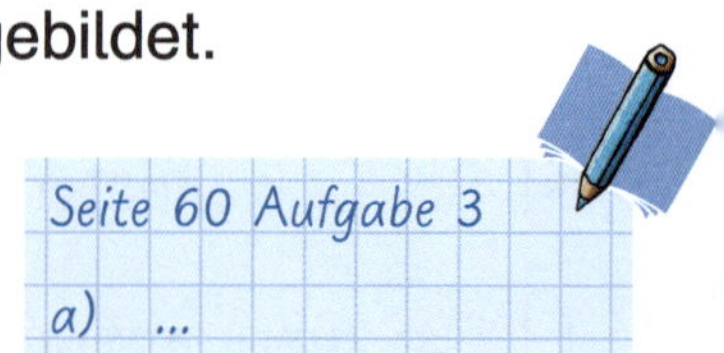

* Längenangaben auf volle cm, m und km ergänzen
* mit Längenangaben rechnen, dabei zunächst in die gleiche Einheit umwandeln
* Fermiaufgabe bearbeiten, Ergebnisse auf Plausibilität prüfen

Skizzen als Lösungshilfe nutzen

1 Zeichne eine **S**kizze (**S**) und löse die Aufgabe.

Seite 61 Aufgabe 1
...

G: Anna Anderson hat ein rechteckiges Grundstück.
Es ist 30 m lang und 18 m breit.
Sie plant für das Grundstück einen neuen Zaun.
Im Abstand von 6 m sollen die Pfosten des Zaunes gesetzt werden.

F: Wie viele Pfosten benötigt sie?
Wie viel Meter Zaun muss sie kaufen?

Gehe Schritt für Schritt so vor:

1) Zeichne als Skizze die grobe Form des Grundstücks.

2) Beschrifte die Skizze mit den Längenangaben.

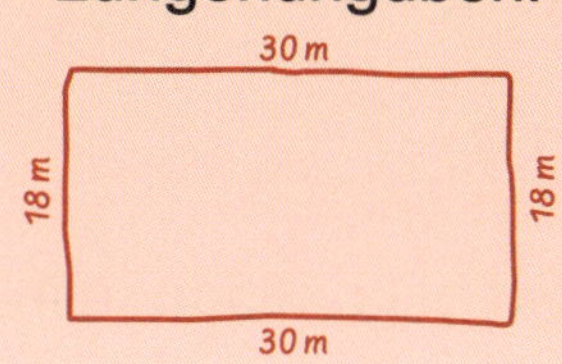

3) Zeichne ein, wie die Pfosten verteilt sind.

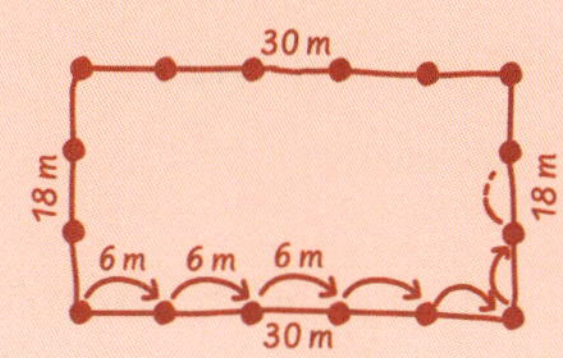

4) Zähle die Pfosten ab.

5) Ermittle anhand deiner Skizze die benötigte Zaunlänge:
30 m + 18 m + 30 m + 18 m = ▢
Das ist der Umfang des Grundstücks.

2 Zeichne eine **S**kizze (**S**) und löse die Aufgabe.

Seite 61 Aufgabe 2
...

G: Im Park werden links und rechts des Hauptweges Obstbäume gepflanzt. Die ersten Bäume stehen direkt zu Beginn des Weges. Der Weg ist 36 m lang.
Die Bäume sollen je einen Abstand von 4 m zueinander haben.

F: Wie viele Bäume werden gepflanzt?

★ zum Lösen von Sachaufgaben Skizzen nutzen und erstellen
★ in Sachsituationen mit Längenangaben rechnen

D 46

1 Janeks Familie zieht um. Das neue Kinderzimmer ist 3,70 m lang und 2,90 m breit.

a) Kreuze passend an.

	ja	nein
Das Bett und den Schreibtisch kann man an die kurze Seite stellen.	◯	◯
Das Regal und das Bett passen an der langen Seite nebeneinander.	◯	◯
Den Schrank und das Regal kann man an die kurze Seite stellen.	◯	◯

b) Zeichne eine Skizze, wie du die Möbel in Janeks Zimmer stellen würdest.

2 Lisa und ihre Schwester Emma bekommen in ihren Kinderzimmern einen neuen Teppichboden. Sie haben die Zimmer ausgemessen und Pläne gezeichnet.

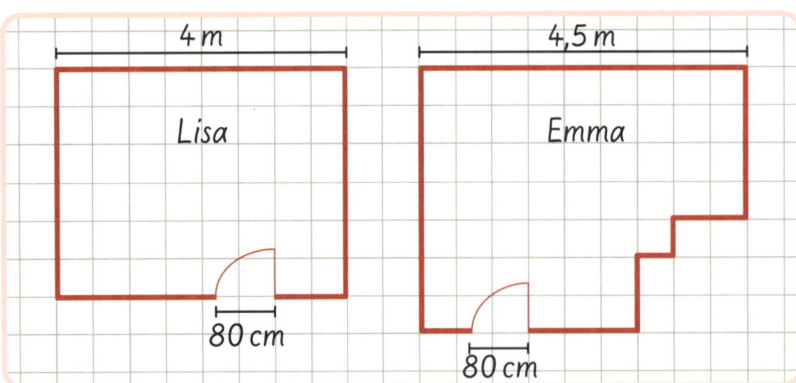

a) Für welches Zimmer benötigt man mehr Teppichboden? Nutze die Kästchen auf dem Plan.

b) Wie viel Meter Fußleiste benötigt man für dieses Zimmer?

c) Wie viel Meter Fußleiste benötigt man für beide Zimmer?

* Grundrisse von Zimmern verstehen und für eine Planung nutzen
* in Sachsituationen mit Längenangaben rechnen

Einstern 3

Themenheft 3

Schriftliche Subtraktion
Körper Längen

Erarbeitet von: Roland Bauer und Jutta Maurach
Redaktion: Agnetha Heidtmann, Friederike Thomas, Sophie Yurdakul
Illustration: Yo Rühmer
Grafiken (Scheine und Münzen): Christine Wächter
Umschlaggestaltung: Cornelia Gründer, agentur corngreen, Leipzig
Layout: lernsatz.de
technische Umsetzung: Reemers Publishing Services GmbH

Bildquellen: **S. 5, 16 Euroscheine:** Cornelsen/Christine Wächter/Deutsche Bundesbank; **1-Euro-Münze:** Cornelsen/Christine Wächter/Deutsche Bundesbank/Luc Luycx aus Belgien. **S. 25 A Moderne Villa:** Shutterstock.com/KB_3; **B Landhaus:** Shutterstock.com/elenaburn; **C Herrenhaus:** Shutterstock.com/Graham R Prentice; **D Turm:** Shutterstock.com/Irina Afonskaya; **E Pyramiden:** Shutterstock.com/WitR.

Begleitmaterialien für Lernende der dritten Klasse

Einstern 3 Paket Verbrauchsmaterial	978-3-06-084736-5
Einstern 3 Paket *leicht gemacht* Verbrauchsmaterial	978-3-06-084742-6
Einstern 3 Arbeitsheft	978-3-06-084759-4
Einstern 3 Übungssternchen	978-3-06-084733-4
Einstern 3 BuchTaucher-App	978-3-06-084764-8
Einstern 3 interaktive Übungen	978-3-06-084769-3

www.cornelsen.de

1. Auflage, 2. Druck 2023

Alle Drucke dieser Auflage sind inhaltlich unverändert und können im Unterricht nebeneinander verwendet werden.

Druck: Athesiadruck GmbH

ISBN 978-3-06-084714-3

PEFC-zertifiziert
Dieses Produkt stammt aus nachhaltig bewirtschafteten Wäldern
www.pefc.de
PEFC/18-31-166

Vorschläge für Plenumsphasen zum vertiefenden Erwerb prozessbezogener Kompetenzen

S. 8/10 **Abziehverfahren:** Kinder beschreiben mithilfe des durch Mehrsystemmaterial veranschaulichten Stellenwertsystems, warum Tauschvorgänge erforderlich sind und wie sie notiert werden; sie benennen Kriterien guter Beschreibungen

S. 15/23 Kinder beschreiben, vergleichen und bewerten ihre Lösungswege bei Zahlenrätseln und verwenden dabei mathematische Fachbegriffe

S. 18/19 **Ergänzungsverfahren:** Kinder beschreiben mithilfe der Stellentafel, wie Überträge beim schriftlichen Subtrahieren entstehen und notiert werden; sie benennen Kriterien guter Beschreibungen

S. 26 Kinder stellen ihre Rätselfragen zu den verschiedenen geometrischen Körpern vor und lösen sie

S. 27 Kinder stellen ihre angefertigten geometrischen Körper vor und begründen, welche Modelle sich für die jeweiligen geometrischen Körper eignen und welche nicht

S. 30 Kinder bauen verschiedene Bauwerke aus geometrischen Körpern und beschreiben diese von vorn, von hinten, von links und von rechts; sie erkennen die Abhängigkeit der Beschreibungen von der Position der betrachtenden Person

S. 34 Kinder erkennen Netze von Spielwürfeln, sie beschreiben und begründen dabei Passungen und Nicht-Passungen

S. 38 Kinder beschreiben, vergleichen und bewerten unterschiedliche Rechenwege; sie benennen auch Kriterien guter Beschreibungen

S. 40 Kinder stellen Methoden zum Überprüfen ihrer Ergebnisse vor, vergleichen und bewerten diese hinsichtlich ihrer Möglichkeiten und Grenzen

S. 47 Kinder vergleichen Messergebnisse beim Messen mit Körpermaßen und beim Messen in Metern und Zentimetern, beschreiben Vor- und Nachteile beider Verfahren und leiten Begründungen für genormte Maßeinheiten ab

S. 58 Kinder stellen Repräsentanten für unterschiedliche Längenangaben vor

Vorschläge für die Förderung von Medienkompetenz

S. 26 Kinder legen eine (digitale) Sammlung mit Rätseln zu geometrischen Körpern an

S. 27 Kinder erkunden digitale Zeichenprogramme und prüfen, ob sie mit diesen auch Körper zeichnen bzw. Kantenmodelle erstellen können

S. 28 Kinder recherchieren im Internet nach Möglichkeiten, Würfelbauten am PC zu erstellen und nutzen diese Tools. Davor sollte thematisiert werden, dass bei der Recherche bzw. vor dem Nutzen der Tools auf eventuell anfallende Kosten oder die Abfrage (personenbezogener) Daten zu achten ist.

S. 32 Kinder recherchieren im Internet nach Möglichkeiten, Körpernetze herzustellen bzw. Körpernetze geometrischen Körpern zuzuordnen und nutzen diese Tools; Kinder produzieren eigene Erklärvideos zum Herstellen von Körpernetzen

S. 34 Kinder recherchieren im Internet nach Möglichkeiten, Spielwürfel im digitalen Raum nach Vorgaben zu bewegen/kippen und nutzen diese Tools

S. 47 Kinder recherchieren im Internet/in Büchern zum Urmeter und präsentieren ihre Ergebnisse unter Angabe ihrer Quellen

S. 56 Kinder schätzen, wie viele Schritte sie an einem Tag und in einer Woche gehen, sie überprüfen ihre Schätzungen mithilfe einer Schrittzähler-App. Dies kann als Anlass genommen werden, um über Bewegung im Alltag zu sprechen.

Synopse zu den Medienkompetenzbereichen

Suchen, Verarbeiten und Aufbewahren	S. 24, 26, 44, 45, 46, 47, 56, 57, 58
Kommunizieren und Kooperieren	S. 47
Produzieren und Präsentieren	S. 24, 26, 32, 46, 47, 58
Schützen und sicher Agieren	S. 28, 56
Problemlösen und Handeln	S. 15, 23, 27, 28, 32, 34, 43, 56